Pythonの絵本

Pythonを楽しく学ぶ 9つの扉

（株）アンク

本書内容に関するお問い合わせについて

このたびは翔泳社の書籍をお買い上げいただき、誠にありがとうございます。弊社では、読者の皆様からのお問い合わせに適切に対応させていただくため、以下のガイドラインへのご協力をお願い致しております。下記項目をお読みいただき、手順に従ってお問い合わせください。

●ご質問される前に

弊社Webサイトの「正誤表」をご参照ください。これまでに判明した正誤や追加情報を掲載しています。

正誤表　　　　http://www.shoeisha.co.jp/book/errata/

●ご質問方法

弊社Webサイトの「刊行物Q&A」をご利用ください。

刊行物Q&A　　http://www.shoeisha.co.jp/book/qa/

インターネットをご利用でない場合は、FAXまたは郵便にて、下記"翔泳社 愛読者サービスセンター"までお問い合わせください。電話でのご質問は、お受けしておりません。

●回答について

回答は、ご質問いただいた手段によってご返事申し上げます。ご質問の内容によっては、回答に数日ないしはそれ以上の期間を要する場合があります。

●ご質問に際してのご注意

本書の対象を越えるもの、記述個所を特定されないもの、また読者固有の環境に起因するご質問等にはお答えできませんので、あらかじめご了承ください。

●郵便物送付先およびFAX番号

送付先住所　　〒160-0006　東京都新宿区舟町5
FAX番号　　　03-5362-3818
宛先　　　　　（株）翔泳社 愛読者サービスセンター

※本書に記載されたURL等は予告なく変更される場合があります。
※本書の出版にあたっては正確な記述につとめましたが、著者や出版社などのいずれも、本書の内容に対してなんらかの保証をするものではなく、内容やサンプルに基づくいかなる運用結果に関してもいっさいの責任を負いません。
※本書に掲載されているサンプルプログラムやスクリプト、および実行結果を記した画面イメージなどは、特定の設定に基づいた環境にて再現される一例です。
※本書に記載されている会社名、製品名はそれぞれ各社の商標および登録商標です。

はじめに

　本書はPythonの入門書です。Pythonは、オランダ人のグイド・ヴァン・ロッサム氏が開発し、1991年に最初のソースコードが公開されたプログラミング言語です。コードがシンプルで分かりやすく、ほかの言語に比べて少ないコード量でプログラムを作成できるというメリットを持っています。また、実行のためにコンパイル作業を必要としないスクリプト言語であることも、扱いやすさにつながっています。ほかのプログラミング言語を多少なりとも学習したことのある人は、こうしたPythonのシンプルな構造に驚くかもしれません。しかし、シンプルだからといって、Pythonで実現できることが限られているわけではありません。私たちが日ごろ利用しているWebサービスやソフトウェアにも、Pythonで作成されているものが数多くあり、今や幅広い分野で使われる人気の言語となっているのです。

　この本を手に取られた人のなかには、「ほかのプログラミング言語は少し経験したことがあるけれど、Pythonは初めて」という方はもちろん、「プログラミングの勉強自体初めてで、何から手を付ければいいかわからない」という人もいることでしょう。「Pythonの勉強を始めてはみたけれど、基礎をないがしろにして行き詰ってしまった」なんて人もいるかもしれません。本書はそんなみなさんにぴったりの一冊です。

　本書ではイラストや図をふんだんに使い、プログラミングの基礎やPython独自の機能などを読者にイメージしてもらえるよう工夫しています。プログラミングやPythonの初学者にも楽しく読み進めてもらえ、そしてきっと的確なイメージが伝わると思います。

　「Pythonって何だろう」、そう思ったらぜひ本書を開いてみてください。Pythonプログラミングへの第一歩を踏み出すお手伝いができれば幸いです。

2018年1月 著者記す

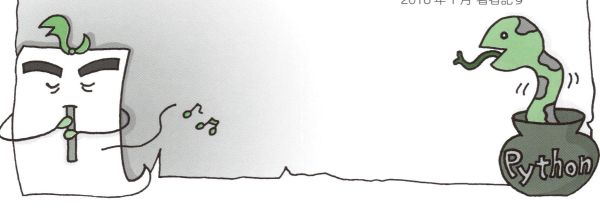

≫ 本書の特徴

- 本書は見開き2ページで1つの話題を完結させ、イメージがばらばらにならないように配慮しています。また、後で必要な部分を探すのにも有効にお使いいただけます。
- 各トピックでは、難解な説明文は極力少なくし、難しい技術であってもイラストでイメージがつかめるようにしています。詳細な事柄よりも全体像をつかむことを意識しながら読み進めていただくと、より効果的にお使いいただけます。

≫ 対象読者

本書は、プログラミングをこれから学ぶ方はもちろん、一度挑戦したけれども挫折してしまったという方、少しは知ってはいるけれどあらためて基本を学び直してみたいという方にお勧めします。

≫ 表記について

本書は以下のような約束で書かれています。

【例と実行結果】

プログラミングで入力する内容

例
```
a = 1000
print(a, 'は')
if 0 <= a & a <= 9:
    print('1桁の数字です。')
elif 10 <= a & a <= 99:
    print('2桁の数字です。')
elif 100 <= a & a <= 999:
    print('3桁の数字です。')
else:
    print('4桁以上です。')
```

実際の画面に表示される内容

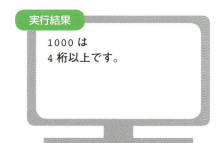

【書体】
ゴシック体：重要な単語
`List Font`：Python言語のプログラミングに実際に用いられる文や単語
`List Font`：List Fontの中でも重要なポイント

【その他】
- 本文中の用語に振り仮名を振ってありますが、あくまで一例であり、異なる読み方をする場合があります。
- コンピュータや各種アプリケーション上で表示される内容などは、利用する環境によって異なることがあります。

Pythonの勉強をはじめる前に ･･････････････････････････ ix

- Python の位置付け ･････････････････････････････････ ix
- Python の動作環境 ･････････････････････････････････ x
- Python の実行方法 ･････････････････････････････････ xi
- プログラム記述時の約束 ･････････････････････････････ xiv

第1章　基本的なプログラム ･････････････････････････ 1

- 第1章はここが key ･････････････････････････････････ **2**
- Hello World! ･･ **4**
- 変数（1） ･･ **6**
- 変数（2） ･･ **8**
- 文字列（1） ･･･････････････････････････････････････ **10**
- 文字列（2） ･･･････････････････････････････････････ **12**
- 書式を指定した出力（1） ･･･････････････････････････ **14**
- 書式を指定した出力（2） ･･･････････････････････････ **16**
- キーボードからの入力 ･･････････････････････････････ **18**
- コラム 〜区切り文字や行末の指定〜 ････････････････ **20**

第2章　計算の演算子 ･････････････････････････････ 21

- 第2章はここが key ････････････････････････････････ **22**
- 計算の演算子 ･････････････････････････････････････ **24**
- 比較演算子 ･･･････････････････････････････････････ **26**

- ●論理演算子 … **28**
- ●計算の優先順位 … **30**
- コラム ～複雑な論理演算～ … **32**

第3章 リスト … **33**

- ●第3章はここが key … **34**
- ●リスト（1） … **36**
- ●リスト（2） … **38**
- ●リストの操作（1） … **40**
- ●リストの操作（2） … **42**
- ●リストの操作（3） … **44**
- ●タプル … **46**
- ●辞書（1） … **48**
- ●辞書（2） … **50**
- ●辞書の操作（1） … **52**
- ●辞書の操作（2） … **54**
- ●集合（セット） … **56**
- ●集合の演算（1） … **58**
- ●集合の演算（2） … **60**
- コラム ～リストのコピー～ … **62**

第4章 制御文 … **63**

- ●第4章はここが key … **64**
- ●if 文（1） … **66**
- ●if 文（2） … **68**
- ●for 文（1） … **70**
- ●for 文（2） … **72**
- ●while 文 … **74**
- ●ループの中断 … **76**
- ●内包表記（1） … **78**
- ●内包表記（2） … **80**
- ●サンプルプログラム … **82**
- コラム ～ None ～ … **84**

第5章　関数 ……………………………………… 85

- 第5章はここが key …………………………………… 86
- 関数の定義 …………………………………………… 88
- 関数の呼び出し ……………………………………… 90
- 引数をまとめて受け取る …………………………… 92
- 関数のテクニック …………………………………… 94
- 無名関数 ……………………………………………… 96
- 変数のスコープ ……………………………………… 98
- ジェネレータ ………………………………………… 100
- サンプルプログラム ………………………………… 102
- コラム　～ docstring ～ …………………………… 104

第6章　文字列 …………………………………… 105

- 第6章はここが key …………………………………… 106
- 基本的な文字列操作（1）…………………………… 108
- 基本的な文字列操作（2）…………………………… 110
- 基本的な文字列操作（3）…………………………… 112
- 正規表現 ……………………………………………… 114
- メタ文字（1）………………………………………… 116
- メタ文字（2）………………………………………… 118
- パターンマッチ（1）………………………………… 120
- パターンマッチ（2）………………………………… 122
- 正規表現による置換と分割 ………………………… 124
- モジュール …………………………………………… 126
- サンプルプログラム ………………………………… 128
- コラム　～パッケージ～ …………………………… 130

第7章　ファイルと例外処理 …………………… 131

- 第7章はここが key …………………………………… 132
- ファイルオブジェクト ……………………………… 134

- ●ファイルの読み込み……………………………………………… **136**
- ●ファイルへの書き出し…………………………………………… **138**
- ●例外処理……………………………………………………………… **140**
- ●サンプルプログラム……………………………………………… **142**
- コラム ～コマンドライン引数～ ……………………………… **144**

第8章 クラスとオブジェクト …………………… **145**

- ●第8章はここが key ……………………………………………… **146**
- ●クラスの考え方…………………………………………………… **148**
- ●オブジェクトの生成……………………………………………… **150**
- ●クラスの継承……………………………………………………… **152**
- ●オーバーライド…………………………………………………… **154**
- ●プロパティ（1）…………………………………………………… **156**
- ●プロパティ（2）…………………………………………………… **158**
- ●クラスメソッド…………………………………………………… **160**
- ●サンプルプログラム……………………………………………… **162**
- コラム ～特殊なメソッド～ …………………………………… **164**

付録 ……………………………………………………… **165**

- ●数学に関する関数………………………………………………… **166**
- ●日付………………………………………………………………… **168**
- ●データの解析……………………………………………………… **170**
- ●サーバーサイドプログラミング………………………………… **174**
- ●Web スクレイピング …………………………………………… **178**
- ●Python のインストール ………………………………………… **182**
- ●パッケージのインストール……………………………………… **187**
- ●XAMPP のインストール ………………………………………… **189**

索引 …………………………………………………………… **198**

Pythonの位置付け

　コンピュータで動くプログラムを作成したり、記述したりするための言葉を「プログラミング言語」といいます。Python(パイソン)はそのプログラミング言語のひとつです。

　Pythonは、オランダのグイド・ヴァン・ロッサム氏によって開発され、1991年に最初のソースコードであるバージョン0.90が公表されました。

　Pythonは、コードを読みやすく書きやすいように文法がシンプルに設計されていて、プログラムを少ないコード量で効率良く書くことができます。また、WindowsやMac、Linux/UNIXなど、多くのOSで使える汎用性の高さも持っています。そのため、最近ではWebアプリケーション、データ解析、デスクトップアプリケーション、組み込み開発、ゲームや機械学習など多方面の開発で利用され、人気のあるプログラミング言語となっています。

　Pythonには次のような特徴があります。

オブジェクト指向	オブジェクト指向とは、プログラミングの機能をグループ化し、これを組み合わせてプログラムを作成していく考え方です。これによって、機能単位の独立性が高まり、開発効率、再利用性、メンテナンス性、信頼性を高めることができます。
インタプリタ型言語	コンパイラ型言語は、記述したソースプログラムを機械語に一括変換(コンパイル)してから実行します。しかし、インタプリタ型言語はコンパイル不要で、機械語に翻訳しながら実行できます。このような言語のことを「スクリプト言語」ということもあります。
記述が容易	文法が簡潔で可読性もよく、効率良くプログラムを作成できます。また、学習を始めやすいというメリットもあります。
オープンソース	ソースコードがインターネットで公開され、日々改良や拡張が行われています。無償で誰でも利用できます。よく使う機能をまとめたライブラリも充実しています。

　現在、Pythonには2系(バージョン2.x)と3系(バージョン3.x)とがあり、コードの書き方をはじめさまざまな違いがあります。また、Python 2系のサポートは2020年で終了する予定になっています。こうした点を踏まえ、本書はPython 3系を扱います。

Pythonの動作環境

　プログラムには、**CUI**（キャラクターユーザーインターフェイス）の環境で動作するものと**GUI**（グラフィカルユーザーインターフェイス）の環境で動作するものがあります。Pythonで作成したプログラムは、CUIの環境で動作します。

CUI

文字のみの画面でキーボードからコマンドを入力して操作する。

GUI

画面上にウインドウやアイコン、ボタンなどの表示があり、マウスなどで操作する。

≫ Windows PowerShell

　本書では、Windows 10のCUI環境であるWindows PowerShell（以下PowerShell）上でPythonプログラムを動作させることを前提に、解説を進めていきます。PowerShellを起動するには、［スタート］メニューから［Windows PowerShell］-［Windows PowerShell］を選択します。

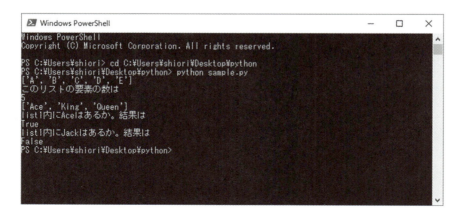

Pythonの実行方法

　Pythonスクリプトを実行するには「python」というプログラムが必要です。Pythonのインストールについては付録（p.182）を参照してください。
　Pythonの実行方法には、対話型インタプリタとファイル指定の2つがあります。

≫対話型インタプリタ

　Pythonプログラムに付属の対話型インタプリタを使うと、コードを1行ずつ入力して対話的にプログラムを実行できます。実行結果をその都度確認したいときや、プログラムの学習時に便利な機能です。入力内容や表示結果は保存されないので注意してください。

❶ PowerShellを起動して「python」と入力すると、対話型インタプリタが起動します。

「python」と入力して対話型インタプリタを起動します。

```
Windows PowerShell
Copyright (C) 2016 Microsoft Corporation. All rights reserved.

PS C:\Users\shiori> python
Python 3.6.3 (v3.6.3:2c5fed8, Oct  3 2017, 18:11:49) [MSC v.1900 64 bit (AMD64)] on win32
Type "help", "copyright", "credits" or "license" for more information.
>>>
```

「>>>」は入力待ちを意味し、この右側にコードを入力していきます。

❷ 「2 + 4」と入力し、[Enter]キーを押します。

```
>>> 2 + 4_
```

「2 + 4」の実行結果「6」が表示されました。

```
>>> 2 + 4
6
>>> _
```

半角スペースは必須ではありませんが、入れたほうがプログラムが見やすくなります。

❸ 対話型インタプリタを終了する場合は「quit()」と入力します。

```
>>> 2 + 4
6
>>> quit()
PS C:\Users\shiori> _
```

≫プログラムファイルの実行

対話型インタプリタで実行するような短いプログラム以外は、プログラムファイルとして保存して実行します。プログラムファイルは「テキストエディタ」（Windows 付属のメモ帳など）に記述します。CUI アプリケーションの作成から実行までの流れは次のようになります。

①「.py」という拡張子のテキストファイルに Python のプログラムを記述します。ファイルの文字コードは「UTF-8」で保存してください。

```
print('Hello World!')
```

hello.py

プログラムを記述したファイルをプログラムファイル（ソースファイル）といいます。

② PowerShell を起動して、ソースファイルが保存されているディレクトリに移動します（ここでは C ドライブの「pythonehon」フォルダ）。

```
PS C:¥Users¥shiori> cd c:¥pythonehon
PS C:¥pythonehon> _
```

cd（スペース）の後にソースファイルが保存されているディレクトリ名を入力し、[Enter] を押します。

③「python hello.py」と入力して [Enter] キーを押すと、プログラムの実行結果が表示されます。

```
PS C:¥Users¥shiori> cd c:¥pythonehon
PS C:¥pythonehon> python hello.py
Hello World!
PS C:¥pythonehon> _
```

python（スペース）の後にファイル名（「hello.py」）を入力します。

実行結果が表示されます。

UNIXなどでは、プログラムファイルの1行目に次の一文を記述することで、「python」コマンドを入力しなくてもプログラムを実行できるようになります。

❶「.py」という拡張子のテキストファイルの1行目に、「#!/usr/bin/python」(「#!」とpythonプログラムのパス) と記述します。

```
#!/usr/bin/python
print('Hello World!')
```
hello2

❷ 実行権限を付与します。

```
$ chmod a+x hello2
```

❸「./hello2」と入力して [Enter] キーを押すと、プログラムの実行結果が表示されます。

「./」の後にファイル名 (「hello2」) を入力します。

```
$ ./hello2
Hello World!
```
実行結果が表示されます。

プログラム記述時の約束

正常に動くプログラムを作るには、次の約束を守って記述してください。

原則として半角で記述する

コメント、''（シングルクォーテーション）内、""（ダブルクォーテーション）内は全角記述が可能です。

文字コードは UTF-8 を利用する

プログラムファイルの文字コードは「UTF-8」をお勧めします。

半角カナは使わない

''や""の中でも使用しないことをお勧めします。

全角スペースの使用に注意する

''や""の外に書くとエラーになります。発見しにくいので要注意です。

小文字と大文字を区別して書く

たとえば if と IF はまったく別のものです。

コメントには # を使う

プログラムに反映させたくない説明的な記述の前には、# を付けます。その行の # 以降がコメントになります。

予約語に気を付ける

予約語とはあらかじめプログラム上の役割が決められている単語です。変数名、関数名などに使用することはできません。

```
予約語一覧

and        as         assert     break      class      continue   def
del        elif       else       except     False      finally    for
from       global     if         import     in         is         lambda
nonlocal   None       not        or         pass       True       raise
return     try        while      with       yield
```

まずは文字の表示から

　これからいよいよ、実際にプログラムを作っていきます。まず、画面に「Hello World!」と表示させることから始めましょう。
　Pythonで文字を表示させるときには、`print()`（プリント）という関数を使います。このように最後に()を付けて書くときは、それが関数であることを表します。関数とは「一連の処理の集まり」です。関数ひとつひとつにそれぞれの役割があり、`print()`は「ディスプレイに文字を表示し、改行する」という働きをします。関数についての詳細は、第5章で解説しますので、そちらを参照してください。

データを格納する箱

　プログラム上で文字や数字といったデータを扱うとき、それらを**変数**に入れておく、ということがよくあります。変数とは、データを格納しておく「箱」のようなものと考えてください。たとえば、C言語やC++言語の変数の箱は、数値用、文字列用が厳密に決まっています。一方、Pythonの変数の箱は代入した値によって決まるため、数値でも文字列でもなんでも入れることができます。変数に入れるデータを「これは数値」「これは文字列」などと区別する必要がないので、とっても楽ですね。

文字列を操作してみよう

　文字列という言葉が出てきましたので、プログラム上での文字や文字列の扱い方についても見ていきましょう。文字列の連結、繰り返し、文字列中の 1 文字の参照といった基本的な文字列の操作のほか、Python には書式を指定して値を出力する機能があります。これには Python の初期からある「`%` を使った方法」と、Python 2.6 から導入された「`format()` メソッドを使った方法」があり、記法が異なります。メソッドとはオブジェクト（p.149）を操作したりするものですが、5 章で解説する関数と同じようなものととらえていただいて差し支えありません。ここでは「`'{}'.format()`」という書式を利用します。本書で扱う Python 3 系はどちらの方法にも対応しています（ただし、新しい方法を利用したほうがよいでしょう）。この機能を使うと、ただたんに文字列中に数値などのデータを埋め込むだけでなく、桁数や表示される位置、3 桁区切りなど、さまざまな書式での出力を指定できるようになります。便利な機能ですね。

　実際にプログラムを動かすというよりは予備知識的な勉強となりますが、この章が Python のスタートラインです。じっくりイメージを掴んでいってください。

　それでは、次ページから Python プログラミングのはじまりです。

Hello World!

最初に、プログラムの基本的な書き方や、画面への文字列の表示方法について見ていきましょう。

プログラムを作る

一番簡単なPythonのプログラムは、次のようなものです。このプログラムを実行すると「Hello World!」という文字列を画面に表示します。

例
```
print('Hello')
print('World!')
```
改行が文の区切りになります。

文字列を表示します。

実行結果
```
Hello
World!
```

≫プログラムの基本形

Pythonのプログラムは基本的に上から順に実行されます。インデント（字下げ）はPythonでは特別な意味を持つので、通常は左に寄せて記述していきます。

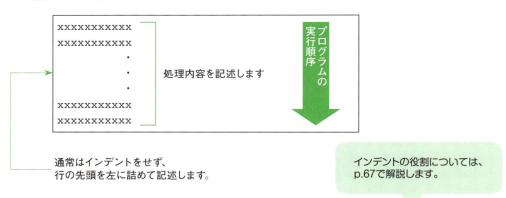

処理内容を記述します

プログラムの実行順序

通常はインデントをせず、行の先頭を左に詰めて記述します。

インデントの役割については、p.67で解説します。

≫ 文字列の表示

Python のプログラムで文字列を表示するには、**print()** を使います。

'（シングルクォーテーション）
' と ' で挟まれたものは文字列を表します。

print() 関数
() の中の文字列を画面に表示します。

対話型インタプリタ（p.xi）では、値を入力すれば結果が表示されます。プログラムファイルで実行し、結果を表示する場合には、`print()` が必要です。

対話型インタプリタを使った入力と表示

print() を使わなくても結果が表示されます。

≫ 複数の値の指定

`print()` では、「,（カンマ）」で区切って複数の値を指定できます。出力時には、値の区切り文字として半角スペースを追加し、行の末尾で改行します。

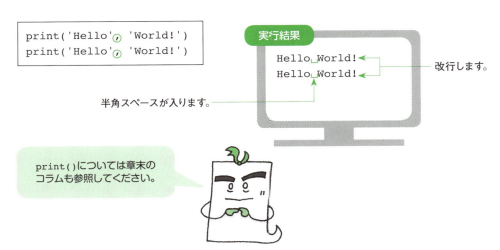

print() については章末のコラムも参照してください。

変数（1）

変数は数値や文字などを格納しておく箱のようなものです。ここでは変数に値を代入する方法を学びます。

変数の利用

次のように変数を作成し、その中に値を入れることができます。

```
a = 2
```
…a という名前の変数に「2」という数値を入れます。
変数に値を入れることを**代入**といいます。

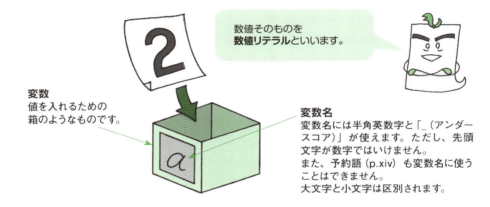

数値そのものを**数値リテラル**といいます。

変数
値を入れるための箱のようなものです。

変数名
変数名には半角英数字と「_（アンダースコア）」が使えます。ただし、先頭文字が数字ではいけません。
また、予約語（p.xiv）も変数名に使うことはできません。
大文字と小文字は区別されます。

値の入っている変数に、値を代入することもできます。

```
a = 2
a = 3
```

元の値は消えます。

例

```
a = 2
b = 3

print('変数 a に変数 b を代入')
a = b
print('a = ', a, ', b = ', b, sep='')
```

変数 a に 2、変数 b に 3 を代入します。

sep についてはコラム（p.20）を参照してください。

変数 a に変数 b の値を代入します。

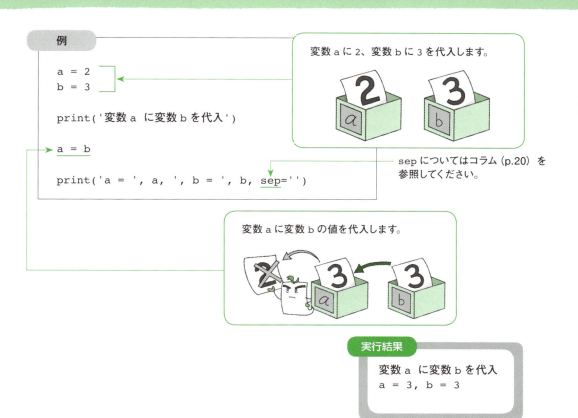

実行結果

```
変数 a に変数 b を代入
a = 3, b = 3
```

≫変数の書き方

文は改行で区切りますが、「;（セミコロン）」を使って1行に並べて書くことも可能です。

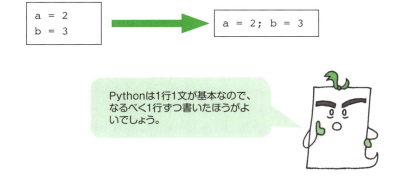

Pythonは1行1文が基本なので、なるべく1行ずつ書いたほうがよいでしょう。

変数（2）

引き続き変数を学んでいきましょう。

🔓 いろいろな代入

変数には、整数や小数のような数値以外に、文字列なども代入できます。

数値の入っている変数に文字列を代入することもできます。

≫ 変数の型

「数値」や「文字」といったデータの種類のことを、**型**といいます。Pythonでは、変数に代入される値の型によって、変数の型が自動的に決まります。変数を使う前に、変数を宣言する必要がありません。

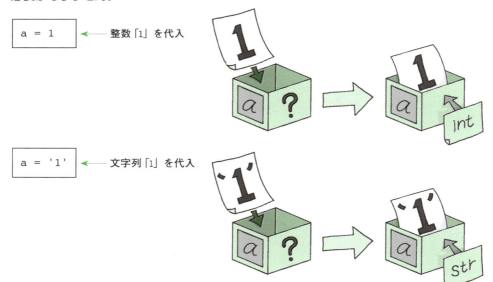

`a = 1` ← 整数「1」を代入

`a = '1'` ← 文字列「1」を代入

変数の表示

`print()` は文字列だけでなく、変数を指定してその値を表示することもできます。

```
a = 2
print(a)
```

実行結果
```
2
```

変数 a の値を表示します。

type() 関数

Python にはいろいろな型があります。**type()** を使うと変数の型を調べることができます。

```
a = 1
print(type(a))
```
→ `<class 'int'>` …整数型

```
a = 100000000000
print(type(a))
```
→ `<class 'int'>` …整数型

```
a = 1.23
print(type(a))
```
→ `<class 'float'>` …浮動小数点数型

```
a = 'Hello World!'
print(type(a))
```
→ `<class 'str'>` …文字列型

```
a = True
print(type(a))
```
→ `<class 'bool'>` …論理型

```
a = [1, 2, 3]
print(type(a))
```
→ `<class 'list'>` …リスト (p.36)

```
a = (1, 2, 3)
print(type(a))
```
→ `<class 'tuple'>` …タプル (p.46)

長整数型 (`long`) は Python3 で整数型 (`int`) に統合されました。

文字列（1）

文字列は文字の集まりです。Python で文字や文字列を扱う方法を紹介します。

🔓 文字列

文字を並べたものを**文字列**といいます。文字列は「'（シングルクォーテーション）」または「"（ダブルクォーテーション）」で挟みます。

```
a = 'Hello'
b = "Ciao"
```

文字列そのものを**文字列リテラル**といいます。

≫「"」と「'」

文字列の中で「"」を使いたいときは、「'」で文字列全体を囲みます。「'」を使いたいときは「"」で囲みます。

```
a = 'ようこそ "Python の世界" へ'
b = "名前は 'しおり' です"
```

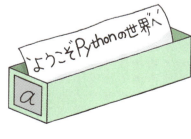

エスケープシーケンス

" " の中で「"」、' ' の中で「'」をそのまま使うことはできません。このようなときは、文字列の前にエスケープ文字として「¥」を付けます。¥ を付けて表す特殊文字を**エスケープシーケンス**といい、次のようなものがあります。

エスケープシーケンス	働き	エスケープシーケンス	働き
¥n	改行	¥"	「"」を表示
¥t	タブ	¥'	「'」を表示
¥r	キャリッジリターン	¥¥	「¥」を表示

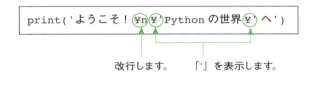

実行結果
```
ようこそ！
'Python の世界 ' へ
```

UNIXなどでは、エスケープ文字として「\」を利用します。

▶複数行の文字列

上の例のように「¥n」を使えば文字列は改行しますが、「'」または「"」を3個続けて文字列を囲んでも、複数行の文字列を作成できます。

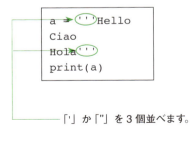

「'」か「"」を3個並べます。

実行結果
```
Hello
Ciao
Hola
```

文字列(2)

引き続き文字列の扱い方について紹介します。

🔓 文字列の連結

文字列は「+」演算子を使ってつなぎ合わせることができます。

+演算子を使った文字列の連結では、文字列のあいだにスペースは入りません。

実行結果
```
夏休み
夏休み
```

文字列リテラル(p.10)であれば、「+」を使わずに並べただけでも自動的に連結されます。変数に代入した場合は、この方法は使えません。

○
```
print('夏' '休み')
```

×
```
a = '夏'
b = '休み'
print(a b)
```

第6章で文字列の操作方法をより詳しく解説します。

文字列の繰り返し

「*」演算子を使うと、文字列を指定した回数ぶん、繰り返すことができます。

```
a = 'Hey!'
b = a * 3
print(b)
```

繰り返す回数を指定します。

実行結果
```
Hey!Hey!Hey!
```

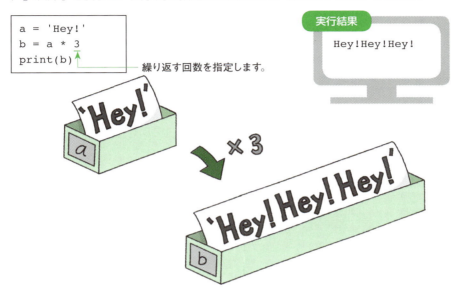

文字列中の文字の参照

[ ] を使うと文字列の中の任意の文字を取り出せます。[ ] の中には 0 から始まるインデックス番号を指定します。文字列の末尾（右端）から数える場合は -1 から始めます。

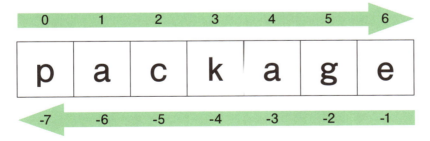

```
a = 'package'
print(a[2])
print(a[-2])
```

インデックス番号 2（3 文字目）を参照します。

インデックス番号 -2（末尾から 2 文字目）を参照します。

実行結果
```
c
g
```

書式を指定した出力（1）

書式を指定して文字列を出力する方法について、まずは旧来の記法を見てみましょう。

% 演算子を使う

書式を指定して文字列を出力したい場合、Pythonの初期からある方法では「%」を使って次のように記述します。

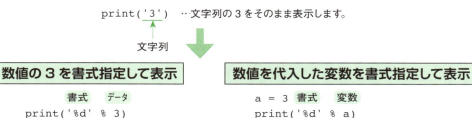

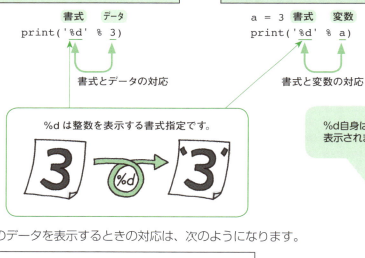

複数のデータを表示するときの対応は、次のようになります。

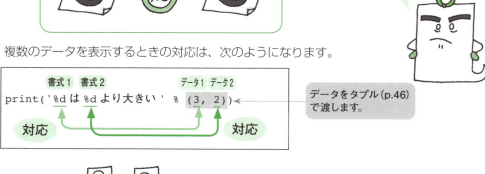

例

```
print('%d-%d は %d です。' % (3, 2, 3-2))
```

実行結果

3-2 は 1 です。

いろいろな書式

書式指定は表示するデータの種類によって異なり、たとえば次のようなものがあります。

書式	意味	表示の例
%d	整数（小数点の付いていない数）を10進数で表示	1、2、3、-45
%x	整数を16進数で表示	1、a、1e
%X	整数を16進数で表示	1、A、1E
%f	実数（小数点の付いている数）を表示	1.00000、0.100000
%s	文字列を表示	A、abc、あ

≫ 桁数

桁数を指定するには、次のようにします。

空白を含めて4文字で表示（右揃え）

```
print('%4d' % 25)
```

空白を含めて4文字で表示（左揃え）

```
print('%-4d' % 25)
```

0を使って4文字で表示

```
print('%04d' % 25)
```

小数点以下を3文字で表示

```
print('%.3f' % 3.14)
```

書式を指定した出力（1）　15

書式を指定した出力(2)

文字列を出力するための、新しい記法を紹介します。

format() メソッド

Python 2.6 からは、`.format()` と `{}` を使って文字列にデータを埋め込み、出力できるようになりました。

引数の値を埋め込んで表示

```
print('東京は{}位です。'.format(3))
```
値 / 埋め込む

変数の値を埋め込んで表示

```
a = 3
print('東京は{}位です。'.format(a))
```
変数 / 埋め込む

実行結果

東京は 3 位です。

複数のデータを表示するときは、次のように記述します。

```
a = '東京'
b = 3
print('{} は {} 位です。'.format(a, b))
```

変数の中身は、数値、文字列などを問いません。

引数の順番で埋め込まれます。

引数の順番を指定することもできます。

```
a = '東京'
b = 3
print('{1} 位は {0} です。'.format(a, b))
```

0 から始まるインデックス番号で指定します。

≫ f 文字列

さらに Python 3.6 では、上のコードを `f'{ 値 }'` の書式を使って次のように書けるようになりました。

```
a = '東京'
b = 3
print(f'{a} は {b} 位です。')
```

書式の指定方法

`format()`を使った記法では、`{}`に対して`{:書式}`と記述することで、値を埋め込む際の書式を指定できます。おもに次のような指定方法があります。

≫書式（型）

書式（値の型）を指定します。

```
a = 3
print('{:d}'.format(a))
```

→ 3

d、f, x など古い記法での指定方法（p.15 の表）と同様のキーワードを指定できます。

d は整数を表示する書式指定です。

≫3桁の区切り

3桁ごとに「,（カンマ）」を付けて表示するよう指定します。

```
a = 123456789
print('{:,}'.format(a))
```

→ 123,456,789

≫桁数と表示位置

桁数と表示される位置を指定します。

空白を含めて4文字で表示（右揃え）

```
print('{:>4}'.format(25))
```

4文字

空白を含めて4文字で表示（左揃え）

```
print('{:<4}'.format(25))
```

4文字

空白を含めて4文字で表示（中央揃え）

```
print('{:^4}'.format(25))
```

4文字

例

```
a = 10
b = 3.24
print('{:>10}'.format(a))
print('x{:>9.2f}'.format(b))
print('-' * 10)
print('{:>10.5f}'.format(a * b))
```

実行結果

```
        10
x     3.24
----------
  32.40000
```

キーボードからの入力

プログラム実行中に、キーボードからデータを入力することができます。

🔓 文字列を入力する

ユーザーからの入力を受け付ける関数として **input()** 関数があります。input() を使うと、プログラムの実行中にキーボードから文字列を入力することができます。
[Enter] キーが押されるまで、プログラムは入力待ちの状態になります。

```
name = input()
```
← 入力された値を変数 name に代入します。

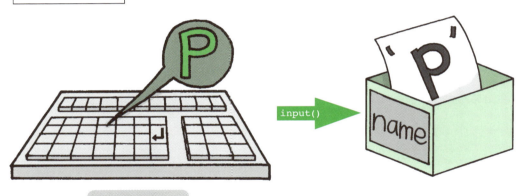

[P] キーを押して
[Enter] キーを押す

例

```
name = input('あなたのお名前は？：')
print('こんにちは！' + name + 'さん')
```

実行結果

あなたのお名前は？：**しおり**
こんにちは！しおりさん

※ 太字はキーボードから入力した文字列

標準入力と標準出力

標準の入力方法（**標準入力**）は、既定でキーボードに設定されています。`input()`で受け付ける入力がこれにあたります。標準の出力方法（**標準出力**）はディスプレイ（画面）です。また、**標準エラー出力**というものもあり、エラー情報の表示に使われます。

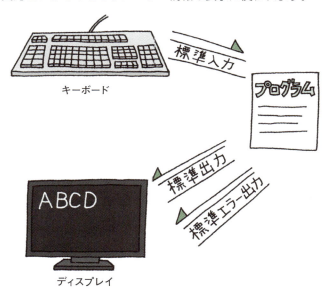

Pythonでは、標準出力と標準エラー出力に値を書き込むには、次のように書きます。

```
import sys    ←――――――――――――――  最初に「import sys」を書きます。

sys.stdout.write('標準出力です¥n')   ←
sys.stderr.write('標準エラー出力です¥n') ←  ¥nのタイミングで出力されます。
```

標準入力から値を取り出すには、次のように書きます。

```
import sys
s1 = sys.stdin.readline()   ←  標準入力から1行取得します。
                                [Enter]で入力を終了します。
```

「import sys」についてはp.126を参照してください。

その他の方法として次のようなものもあります。いずれも、[Ctrl] + [Z] を入力すると、入力を終了します。

readlines()	標準入力から複数行取得して、リストとして返す。
read()	標準入力から複数行取得して文字列として返す。

COLUMN

～区切り文字や行末の指定～

　`print()`で複数の値を指定すると、出力時に、値の区切り文字として半角スペースを追加し、行の末尾で改行します（p.4）。値の区切り文字や、行の末尾の改行を変更したいときは、それぞれ「**sep**」「**end**」で次のように指定します。

```
print('い', 'ろ', 'は', sep='、', end=' ／ ')
print('に')
```

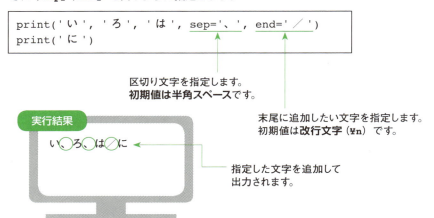

区切り文字を指定します。
初期値は半角スペースです。

末尾に追加したい文字を指定します。
初期値は**改行文字（¥n）**です。

指定した文字を追加して
出力されます。

　これらのオプションに空文字を指定し、「sep=''」なら区切り文字なし、「end=''」なら改行なしにすることもできます。

```
print('い', 'ろ', 'は', sep='', end='')
print('に', 'ほ', 'へ', 'と', sep='', end='')
```

もちろんsepとendは
別々に指定できます。

2

演算子

 コンピュータが計算機代わりに!

　第2章では演算子について学びます。演算子とはつまり、計算で使う「＋」や「－」記号のことです。ただし、コンピュータのキーボードに「÷」がないことでもわかるように、算数や数学で使う演算子とはちょっと書き方が違うものがあります。また、コンピュータの計算は数値を扱うものだけではありません。

　まず紹介するのが、数値計算を行うときに使う演算子です。ここでは算数の教科書で見たことのある、おなじみの記号が登場します。たとえば、コンピュータに足し算をしてほしいときに使う「＋（プラス）」や引き算をしてほしいときに使う「－（マイナス）」、これらも立派な演算子です。ほかにもかけ算や割り算、変わったところでは割り算の余りを出す演算子や割り算の小数点以下を切り捨てる演算子なんていうのもあります。

　いろいろな値を入れて計算結果を試せるので、第1章のプログラムよりはコンピュータとの対話を楽しめるのではないかと思います。

コンピュータならではの演算

　演算子は、計算を行うものばかりではありません。変数や値を調査する演算子として、**比較演算子**、**論理演算子**、**三項演算子**を紹介します。比較演算子は、変数や値を比較して等しいか、大きいか、小さいか、など値を比べるときに使います。論理演算子は、さらに複雑な条件を表すときに使います。三項演算子は、条件式の結果が`True`（真）か`False`（偽）かによって、値や処理を選択するものです。

　ところで、小学校の算数で、「×」「÷」は、「＋」や「－」より先に計算することを学びましたね。これと同じように、コンピュータの世界でも演算子の優先順位と計算の方向が決まっています。たとえば「a = 2 + 3」という式では、まず「2 + 3」を計算して、次にその結果である「5」を「a」に代入することになります。優先順位は演算子によって異なりますので、覚えておきましょう。

　演算子はプログラムの要です。先に進むにつれて難易度も上がってきますが、あせらず、ひとつひとつをきちんと理解してから次に進んでいきましょう。

計算の演算子

計算に用いる「+」や「-」などのことを演算子といいます。演算子を使って実際に計算してみましょう。

数の計算で使う演算子

Pythonで数の計算に用いる演算子には次のものがあります。

演算子	働き	使い方	意味
＋(プラス)	＋（足す）	a = b + c	bとcを足した値をaに代入
－(マイナス)	－（引く）	a = b - c	bからcを引いた値をaに代入
＊(アスタリスク)	×（かける）	a = b * c	bとcをかけた値をaに代入
／(スラッシュ)	÷（割る）	a = b / c	bをcで割った値をaに代入（cが0のときはエラー）
／／	÷（割る、小数点以下は切り捨て）	a = b // c	bをcで割った整数値をaに代入（cが0のときはエラー）
％(パーセント)	…（余り）	a = b % c	bをcで割った余りをaに代入（整数型でのみ有効）
＊＊	**（べき乗）	a = b ** c	bのc乗をaに代入

例

```
print('5+5 は ', 5 + 5)
print('5-5 は ', 5 - 5)
print('5×5 は ', 5 * 5)
print('6÷5 は ', 6 / 5)
print('6÷5 の整数値は ', 6 // 5)
print('5÷3 の余りは ', 5 % 3)
print('5 の 3 乗は ', 5 ** 3)
```

実行結果

```
5+5 は 10
5-5 は 0
5×5 は 25
6÷5 は 1.2
6÷5 の整数値は 1
5÷3 の余りは 2
5 の 3 乗は 125
```

代入演算子

変数に値を代入する「=」では左辺を変数、右辺を値とみなします。よって、変数 a そのものの値を 2 増やしたいときには次のように書きます。

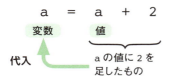

「aがa+2と等しい」という意味ではありません。

a の値を 2 増やすことは、次のように書くこともできます。

```
a += 2
```

「=」や「+=」を**代入演算子**といいます。代入演算子にはほかに次のようなものがあります。

演算子	働き	使い方	意味
+=	足して代入	a += b	a + b の結果を a に代入 (a = a + b と同じ)
-=	引いて代入	a -= b	a - b の結果を a に代入 (a = a - b と同じ)
*=	かけて代入	a *= b	a * b の結果を a に代入 (a = a * b と同じ)
/=	割って代入	a /= b	a / b の結果を a に代入 (a = a / b と同じ)
//=	割って整数を代入	a //= b	a // b の結果を a に代入 (a = a//b と同じ)
%=	余りを代入	a %= b	a % b の結果を a に代入 (a = a % b と同じ)
**=	べき乗して代入	a **= b	a ** b の結果を b に代入 (a = a ** b と同じ)

例

```
a = 90
a += 10
print('90 に 10 を足すと', a, 'です。')
```

「a = a + 10」と書いても同じです。

実行結果

```
90 に 10 を足すと 100 です。
```

計算の演算子

比較演算子

条件式を作るときには比較演算子を使います。

比較演算子とは?

Pythonでは数値や変数の値を比較して条件式を作り、その結果によって処理を変えることができます。このとき使う演算子を**比較演算子**といいます。条件が成立した場合を「**真(True)**」、成立しない場合を「**偽(False)**」といいます。

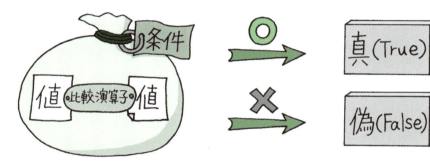

演算子	働き	使い方	意味
==	=（等しい）	a == b	aとbは等しい
<	＜（小なり）	a < b	aはbより小さい
>	＞（大なり）	a > b	aはbより大きい
<=	≦（以下）	a <= b	aはb以下
>=	≧（以上）	a >= b	aはb以上
!=	≠（等しくない）	a != b	aとbは等しくない

> 2つ以上の記号で1つの働きをしているものは、スペースなどで区切らないでください。

式が持っている値

条件式はそれ自体が値を持っています。たとえば、条件式が真であるとき、条件式そのものは`True`という値を持ちます。条件式が偽のときは`False`という値を持ちます。

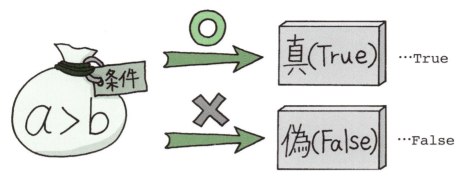

例

```
a = 10
b = 20
print('a = ', a, ', b = ', b, sep='')
print('a < b・・・', a < b)
print('a > b・・・', a > b)
print('a == b・・・', a == b)
print('a != b・・・', a != b)
```

実行結果

```
a = 10, b = 20
a < b・・・True
a > b・・・False
a == b・・・False
a != b・・・True
```

論理演算子

複数の演算子を組み合わせて、より複雑な条件式を作れます。

論理演算子とは

複数の条件を組み合わせて、より複雑な条件を表すときに使うのが論理演算子です。

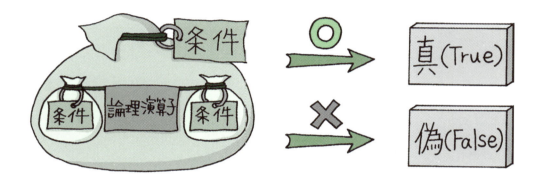

論理演算子には次のようなものがあります。

演算子	働き	使い方	意味
and	かつ	(a >= 10) and (a < 50)	a は 10 以上かつ 50 未満
or	または	(a == 1) or (a == 100)	a は 1 または 100
not	〜ではない	not (a == 100)	a は 100 ではない

条件 A、B があるとき、論理演算子の働きを図示すると、次のようになります。

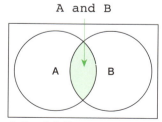

条件 A と条件 B の両方を満たす

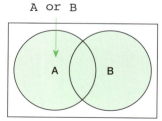

条件 A と条件 B のどちらかを満たす

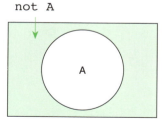

条件 A を満たさない

≫ 複雑な条件式

すこし複雑な論理演算の例を見てみましょう。各演算子は優先順位に従って処理されますが、意図的に関係をはっきりさせたいときは、( ) を使います。

> 50 <= a < 100と書くこともできます。

`a は 50 以上 100 未満である`

```
(50 <= a) and (a < 100)
```

`b は 0 でも 1 でもない`

```
not ((b == 0) or (b == 1))     → 「b = 0 または b = 1」ではない
not (b == 0) and not (b == 1)  → b = 0 ではなく、b = 1 でもない
(b != 0) and (b != 1)          → b ≠ 0 かつ b ≠ 1 である
```

≫ 条件付き実行

条件式と処理を論理演算子でつなぎ合わせると、条件式の結果によって処理を行います。

条件式が True なら処理を行い、
False なら処理を行いません。

条件式が True なら処理を行わず、
False なら処理を行います。

```
a = 4
(a < 10) and (print('a は 10 未満'))
(a < 10) or  (print('a は 10 以上'))
```

条件式は True のため、処理が実行されます。

条件式は True のため、処理は行われません。

🔓 三項演算子

三項演算子を利用すると、条件式の結果によって値や処理を選択するプログラムが簡潔に記述できます。

```
point = 90
a = '合格' if point > 75 else '不合格'
```

- 条件式が True の場合
- 条件式
- 条件式が False の場合

論理演算子 29

計算の優先順位

基本的な演算子がひととおり登場したところで、演算子の優先順位を紹介します。

演算子の優先順位

基本的に式は左から右へ計算していきますが、「×は+よりも先に計算する」や「( )の中を先に計算する」など、演算には優先順位があります。式の中に複数の演算子が含まれる場合、Pythonでは次の優先順位に基づいて計算します。また、同じ順位の演算子が並んでいるとき、式の左右どちらから計算していくかも決まっています。

優先順位	演算子	同順位のときの計算の流れ
1	(式 ...), [式 ...], {キー : 値 ...}, {式 ...}	
2	x[インデックス], x[インデックス:インデックス], x(引数 ...), x.属性	→
3	await x	
4	**	←
5	+x, -x, ~x	
6	*, @, /, //, %	→
7	+, -	→
8	<<, >>	→
9	&	→
10	^	→
11	|	→
12	in, not in, is, is not, <, <=, >, >=, !=, ==	
13	not x	
14	and	→
15	or	→
16	if - else	←
17	lambda	

≫式の読み方

いろいろな演算子の優先順位を見てみましょう。

優先度が違うとき

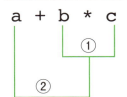
+ や - よりも * や / の方を先に計算します。

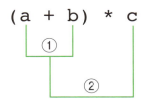
( ) でくくると、その中を先に計算します。

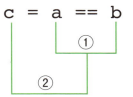
a と b が等しければ True を、等しくなければ False を c に代入します。

優先度が同じとき

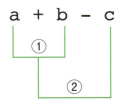
四則演算は左から計算します。

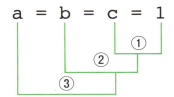
代入は右から実行します。a、b、c の値はいずれも 1 になります。

複雑な式を書くときは、適当な位置で( )を使うと読みやすくなります。

例

```
print('2×8-6÷2=', (2 * 8 - 6 / 2))
print('2×(8-6)÷2=', (2 * (8 - 6) / 2))
print('1-2+3=', (1 - 2 + 3))
print('1-(2+3)=', (1 - (2 + 3)))
```

実行結果

```
2×8-6÷2= 13.0
2×(8-6)÷2= 2.0
1-2+3= 2
1-(2+3)= -4
```

計算の優先順位

COLUMN
～複雑な論理演算～

　論理演算とは、いろいろな条件の組み合わせが成立するかどうかを、「`True`（真）」か「`False`（偽）」という値で導き出すものでした。とても難しいことのように考えがちですが、じつはこうしたいろいろな条件を踏まえて判断する作業は、私たちの日常生活の中にあふれています。たとえばお店で買い物をして「395円です」と言われたとします。そうしたら、まずあなたは財布の小銭入れを見て、どんな硬貨があるかを確認するでしょう。ぴったり395円があるかもしれないし、5円玉しかないかもしれません。もし、5円玉しかなければ今度は札入れを確認しますね。何気なく行っているこうした動作は、そのひとつひとつをとってみると立派な判断作業といえます。

　別の例で、具体的に論理演算と結びつけてみましょう。遊園地のアトラクションの中には、乗るために一定の条件をクリアしなければならないものがありますね。たとえば次のようなものです。

　　① 6歳以上（ただし、身長130cm以上であれば保護者同伴の場合のみ可）
　　② 身長130cm以上
　　③ 心臓の弱い方はご遠慮ください。

年齢を`age`、身長を`height`（cm）とし、「健康であること」を`health`、「保護者同伴であること」を`pg`とすると、このアトラクションに乗るための条件は次のようになります。わかりますか？

```
((age >= 6 and height >= 130) or (height >= 130 and pg)) and health
```

　もうひとつ、うるう年かそうでないかの条件式をご紹介しましょう。
その年がうるう年になるためには、次の条件が成り立つ必要があります。

　　① 西暦が4で割り切れる
　　② ただし例外として、西暦が100で割り切れる年は除く
　　③ さらに例外として、西暦が400で割り切れる場合は含める

とても複雑な条件のように思えますが、これをPythonの式で表すと次のようになります。

（変数aを西暦とします）

　上の式の値が`True`（真）になればうるう年、`False`（偽）になればうるう年ではない、ということになります。

第3章は ここが Key

複数のデータをまとめるさまざまな箱

　この章では、**リスト**型、**タプル**型、**辞書**型、**集合**型について学習していきます。これらは、複数のデータをひとつの箱のようなもので管理できます。ほかのプログラミング言語では「配列」と呼ばれることもありますが、それぞれ似ているようで異なる機能を持っています。

　リストは、複数のデータをまとめて管理する最も基本的な型で、データをカンマ（ , ）で区切って [ ] で囲むことで定義できます。このリストの各データのことを**要素**といいます。要素には添字という、0 から始まる**インデックス番号**が順番に割り振られていて、この添字を利用して、要素を操作します。

　タプルは、リストとよく似ていますが、あとから要素に変更を加えることができません。複数の要素をカンマで区切るだけで定義できますが、( ) で囲むのが通例です。

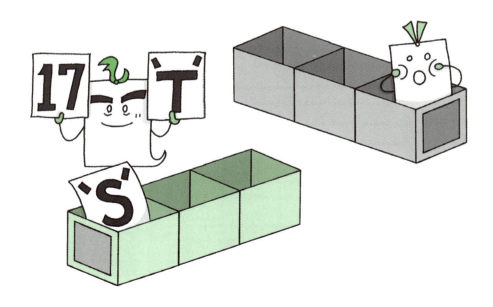

辞書と集合

　リストは「添字」と「値」が対応していますが、辞書と呼ばれるデータ型は、1つの要素を「**キー**」と「値」のペアで扱います。ほかのプログラミング言語でいう「連想配列（ハッシュ）」に相当します。たとえば'いちご'という文字列をキー、1という数値を値として扱うときは、「'いちご':1」のように表現します。そしてこのペアを1つの要素としてカンマで区切り、{}で囲むことで辞書になります。リストでは操作に添字を使いますが、辞書では要素の順番が決まっていないため、キーを使ってデータを操作します。

　集合は、たんなるデータのグループで、同じ要素を重複して持つことはできません。インデックス番号のようなものもなく、要素の順番も決まっていません。**集合演算**を使って、複数の集合を条件によって整理することができます。

　リストをはじめとしたこれらのデータ型はPythonの特徴のひとつでもあります。それぞれの型の特性を理解することで、Pythonをより深く知ることができます。

リスト (1)

リストを使うことで、複数のデータをまとめて扱うことができます。

リストとは

リストとは、型のひとつで、複数のデータをまとめて格納できる箱のようなものです。リストを作るには要素をカンマ（`,`）で区切って`[ ]`で囲みます。リストの各要素にはインデックス番号（**添字**）が振られています。

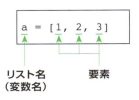

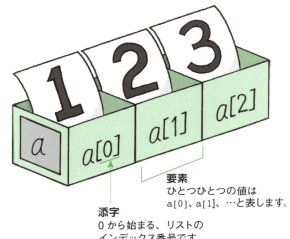

`list()`と記述すること、または`[ ]`内に要素を入れないことで、空のリストを作ることもできます。

```
animal_list = list()
```
または
```
animal_list = []
```

数値や文字、文字列といった異なるデータ型も1つのリストにまとめられます。

```
a = ['ねこ', 100]
```

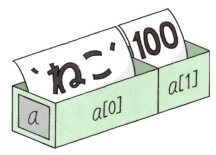

リストの要素を参照／代入する

リストの要素は変数のように参照することができます。添字は各要素に0から順番に振られています。

```
a = [1, 2, 3]
print(a[0])
```

リストの最初の値を表示します

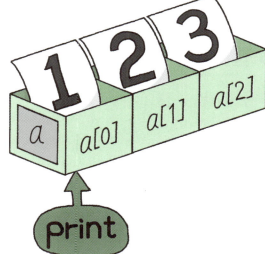

a[-1]というように、添字を負の値にして末尾から数えて参照することもできます。

リストの要素に値を代入することもできます。

```
a = [1, 2, 3]
a[0] = 'One'
a[1] = 'Two'
a[2] = 'Three'
```

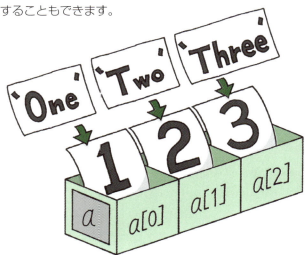

リスト(2)

リストに関するさまざまな値を取得したり、リストの中にリストを入れたりすることもできます。

🔓 リストの要素数を取得する

リストの要素数を確かめるには **len()** を使います。( ) の中に調べたいリストの名前を入れると、結果が数値で返されます。

```
a = ['A', 'B', 'C', 'D', 'E']
length = len(a)
```

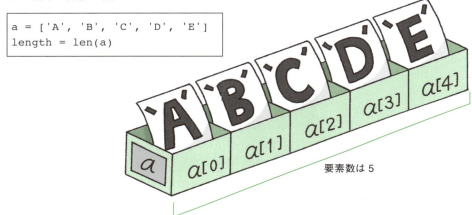

要素数は 5

🔓 値の有無を判別する

in を使うことで特定の値がリストの中に含まれているかを調べられます。結果は True か False で返されます。

```
list1 = ['Ace', 'King', 'Queen']
chk = 'Ace' in list1
```

リスト内にあるか調べたい値　　調べたいリスト名

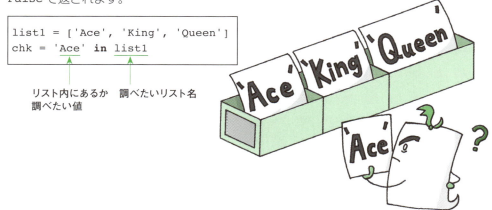

38　第3章／リスト

🔓 ほかの型からリスト型へ変換する

list() を使えば、文字列やタプル（p.46）などの型をリストへ変換することができます。

```
a = list('ABCDE')
```

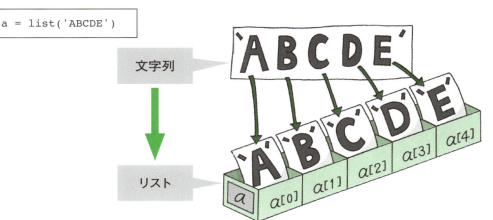

🔓 リストのリスト

リストには型を問わず要素を入れることができるため、リストの一要素としてリストを指定することもできます。

```
a1 = ['A', 'B', 'C']
a2 = ['D', 'E', 'F']
a  = [a1, a2]
```

リストの中にリストが入っています。

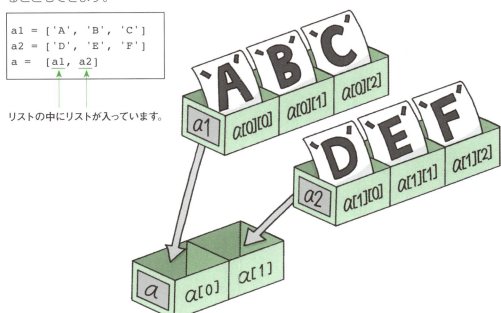

リストの操作 (1)

リストに直接要素を追加したり、リストどうしを連結してまとめることができます。

🔓 要素を追加する

リストに新しく要素を追加するには、`append()` メソッドまたは `insert()` メソッドを使います。`append()` を使った場合、新しい要素は末尾に追加されます。

```
a = [1, 2, 3]
a.append(4)
```
← リスト a の末尾に値「4」を要素として追加します。

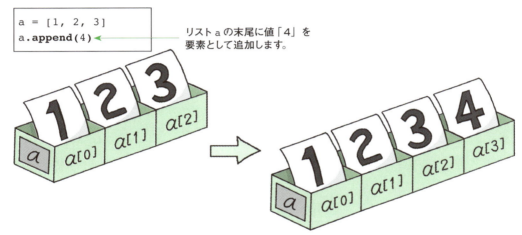

リストの特定の箇所に要素を挿入したいときには、`insert()` を使います。

```
a = [1, 3]
a.insert(1, 2)
```
← リスト a のインデックス [1] の前に、値「2」を要素として追加します。

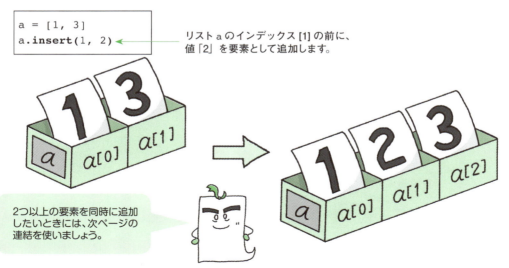

2つ以上の要素を同時に追加したいときには、次ページの連結を使いましょう。

リストを連結する

変数と同様に、+ 演算子で、2つのリストを1つにまとめることができます。

```
list1 = ['red', 'blue', 'yellow']
```

```
list2 = ['white', 'black']
```

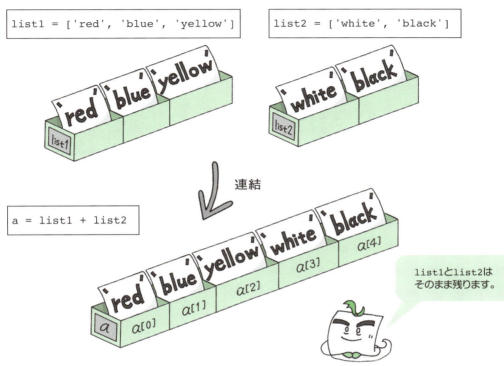

```
a = list1 + list2
```

list1とlist2はそのまま残ります。

+= 演算子または extend() メソッドを使って結合することもできます。この場合は元になるリスト自体にほかのリストを連結することになるので、元のリストの値は保持されません。

```
list1 += list2
```

または

```
list1.extend(list2)
```

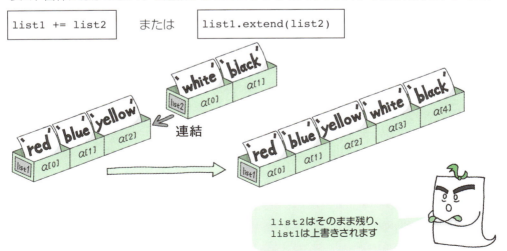

list2はそのまま残り、list1は上書きされます

リストの操作(1) **41**

リストの操作(2)

リストの要素を削除したり、要素を変数へ割り当てることもできます。

 要素を削除する

リストから要素を削除するには **pop()** メソッド、または **remove()** メソッドを使います。

インデックスを指定して要素を削除したいときは、pop() を用います。インデックスの範囲外の値を指定するとエラーになります。

```
a = ['tea', 'coffee', 'soda', 'milk', 'juice']
p = a.pop(2)
```
削除したい要素の添字

pop()は削除した値を返すので何を削除したのか確認することもできます

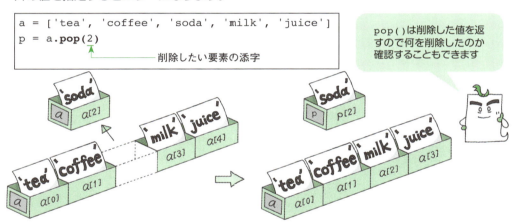

特定の値を持つ要素を削除したいときは、remove() を用います。もしリスト内に同じ値が複数あった場合は、最初に見つかった値を削除します。削除したい値がリスト内にないとエラーになります。

```
a = ['tea', 'coffee', 'soda', 'milk', 'juice']
a.remove('juice')
```
削除したい要素の値

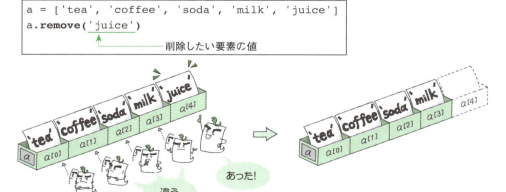

🔓 del による削除

`del` を使って要素を削除することもできます。`del` は、要素のオブジェクトそのものをメモリから削除します。

```
a = ['tea', 'coffee', 'soda', 'milk', 'juice']
del a[2]    ←  要素 a[2] を削除します。
```

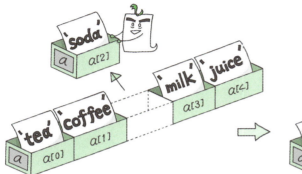

🔓 リストを変数に分割する

要素数ぶんの変数をカンマでつなげて記述し、そこへ既存のリストを代入すると、リストの要素を各変数に割り振ることができます。

```
a = ['tea', 'coffee', 'soda']
x, y, z = a
```

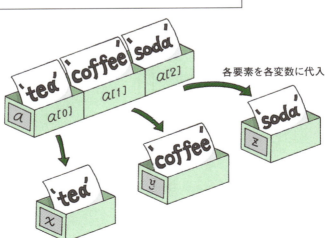

各要素を各変数に代入

リストの操作(3)

リストの要素を削除したり、要素を並べ替えることもできます。

🔓 ソートとは

ソートとは、値の順序を並べ替えることです。値の小さいほうから並べることを昇順、大きいほうから並べることを降順と呼びます。

文字列のリストも同様に辞書的に前にあるものを小さいとみなして、昇順、降順で並べ替えることができます。

🔓 sort() メソッドを使う

sort() メソッドはリスト自体を直接並べ替えます。引数を指定しないデフォルトの状態では、昇順で並べ替えます。

```
a = [52, 3, 80, 1, 17]
a.sort()    ← リスト a を昇順で並べ替えます。
```

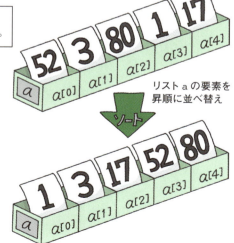

リスト a の要素を昇順に並べ替え

また、sort()の引数に「reverse = True」を入れると降順で並べ替えを行います。

```
a = [52, 3, 80, 1, 17]
a.sort(reverse = True)
```
リストaを降順で並べ替えます。

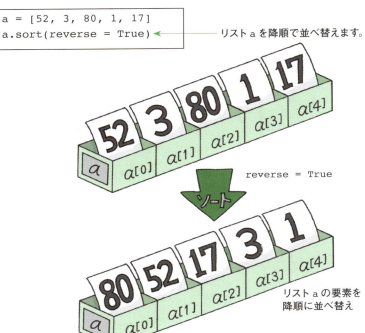

リストaの要素を降順に並べ替え

 sorted() を使う

sorted() は元のリストはそのままに、並べ替えた結果を別のリストとして返します。

```
a = [52, 3, 80, 1, 17]
b = sorted(a)
```

aのリストはそのまま残ります。

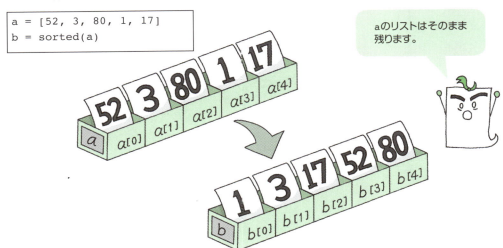

タプル

タプルは複数のデータをまとめられるもので、リストと似ていますが、後から要素に変更を加えることができません。

 タプルとは

タプルはデータ型のひとつで、複数のデータをまとめて扱うことができます。リストとよく似ていますが、要素の追加／変更／削除が行えない点が異なります。

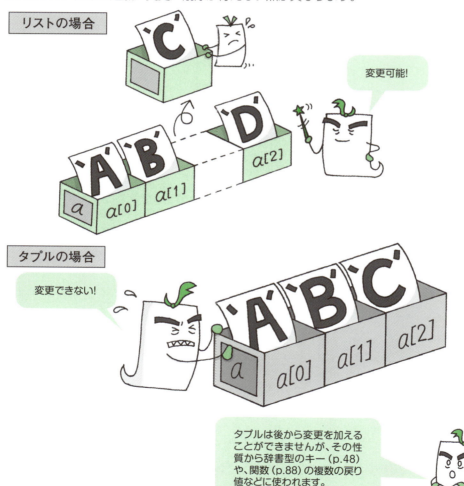

タプルは後から変更を加えることができませんが、その性質から辞書型のキー (p.48) や、関数 (p.88) の複数の戻り値などに使われます。

🔓 タプルを作る

タプルは、複数の要素を , (カンマ) で区切って ( ) で囲んで定義します。

```
a = ('dog', 'cat', 'bird')
```

( ) は省略できますが、付けておくのが一般的です。

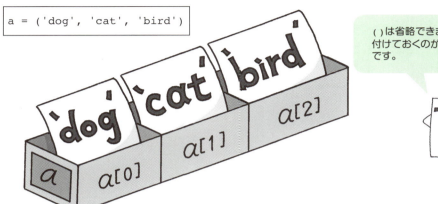

タプルに含まれる要素の変更はできませんが、タプルどうしをつなげて新しいタプルを定義することはできます。

```
a = (10, 20)
b = ('A', 'B')
c = a + b
```

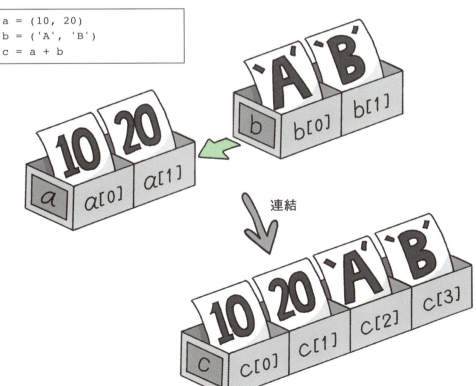

連結

辞書（1）

辞書型は、各要素をキーと値のペアで扱います。

辞書とは

辞書とはデータ型のひとつで、複数のデータをまとめて扱うことができます。リストと似ていますが、各要素を**キー**と値のペアで扱い、それらを , で区切って {} で囲みます。

```
a = {'りんご':1, 'いちご':5, 'みかん':10}
```
キー:値

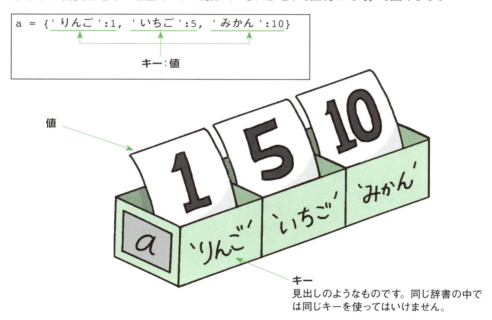

キー
見出しのようなものです。同じ辞書の中では同じキーを使ってはいけません。

キーには、文字列や数値、それらが要素になっているタプルを使うことができます。

```
a = {('チョコ', 200):20, ('マカロン', 500):15, ('クッキー', 300):30}
```
タプルをキーにしています。

辞書の要素を参照する

辞書の要素を参照するときは、キーを指定します。ただし、その辞書の中にキーが存在しなかった場合はエラーになります。

```
a = {'りんご':1, 'いちご':5, 'みかん':10}
```

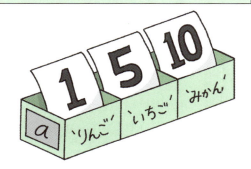

'りんご'はありますが
'レモン'はありません。

`v1 = a['いちご']`	`v2 = a['レモン']`
'いちご'はリストの中にある	'レモン'はリストの中にない

v1 はキーが'いちご'である要素の値 5　　　　**エラー**

in 演算子または **not in** 演算子を使えば、キーがあるかを調べることができます。

`f1 = 'いちご' in a`	`f2 = 'レモン' not in a`
'いちご'がリストの中にある?→ある	'レモン'がリストの中にない?→ない

f1 は True　　　　**f2 は True**

get() メソッドを使うと、指定したキーがあればその値、指定したキーがなかった場合でも **None** が返されるためエラーにはなりません。

`v1 = a.get('いちご')`	`v2 = a.get('レモン')`
'いちご'はリストの中にある	'レモン'はリストの中にない

v1 の値はキーが'いちご'である要素の値 5　　　　**v2 の値は None**

辞書(2)

いろいろな方法で辞書を作ることができます。

🔓 要素の値の代入

すでにあるキーを指定したとき、辞書名[キー]＝値を使うと値を更新（上書き）します。

```
a = {'チョコ' : 1, 'マカロン' : 2, 'クッキー' : 3}
a['チョコ'] = 'One'
a['マカロン'] = 'Two'
a['クッキー'] = 'Three'
```

🔓 dict() で辞書を作る

`dict()` を使えば、引数に値を入れて直接辞書を作ったり、リストやタプルを辞書に変換したりできます。

≫ キーワード引数を指定して作る

```
d = dict( チョコ = 20, マカロン = 15, クッキー = 30)
```

キーと値を引数に入れる

dict()にキーワード引数を入れるときには文字列でも''を付けません。

≫ zip() でキーのリストと値のリストを合体させて作る

```
key = ['チョコ', 'マカロン', 'クッキー']   ← キーのリスト
value = [20, 15, 30]   ← 値のリスト
d = dict(zip(key, value))

        キーと値を zip() の引数に入れます。
```

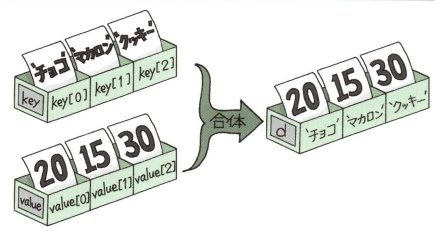

≫ タプルのリストから作る

```
                  タプルのリスト
d = dict( [('チョコ',20), ('マカロン',15), ('クッキー',30)] )
                  タプル
```

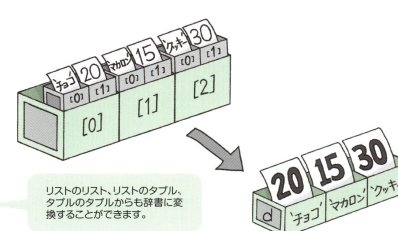

リストのリスト、リストのタプル、タプルのタプルからも辞書に変換することができます。

辞書の操作（1）

辞書の要素を追加したり、削除する方法について解説します。

 辞書の要素を追加する

辞書に要素を追加するには、**辞書名 [キー] = 値**で直接定義するか、**setdefault()** メソッドを使います。

```
a = {'チョコ' : 20, 'マカロン' : 15, 'クッキー' : 30}
```

```
a['キャンディー'] = 50
```
または
```
a.setdefault('キャンディー', 50)
```

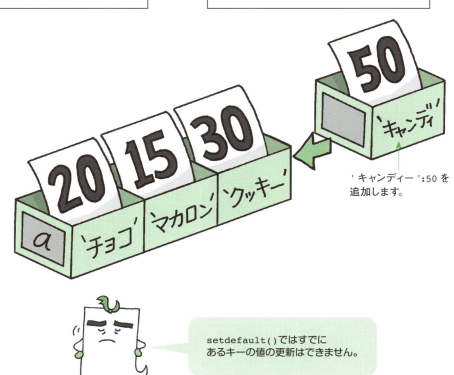

'キャンディー':50 を追加します。

setdefault()ではすでにあるキーの値の更新はできません。

辞書の要素を削除する

辞書の特定のキーを持つ要素を削除するには del 文か pop() メソッドを使い、削除したい要素のキーを指定します。どちらの方法も指定したキーが存在しない場合はエラーになるので注意しましょう。

`del a['マカロン']` または `a.pop('マカロン')`

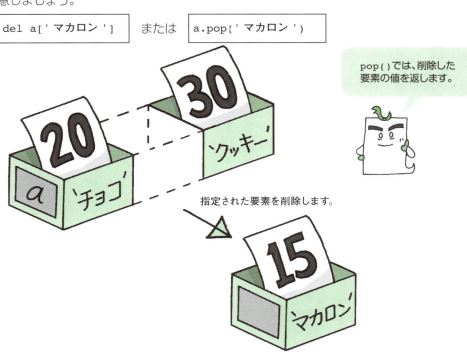

pop()では、削除した要素の値を返します。

指定された要素を削除します。

また、要素をまとめて削除したいときには clear() メソッドを使います。辞書の要素がなくなりますが、辞書自体は残ります。

`a.clear()`

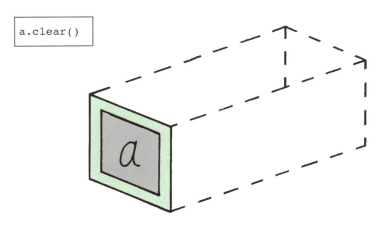

辞書の操作（2）

辞書の要素やキー、値を取り出してリストにすることができます。

🔓 辞書のキーのリストを作る

辞書のキーだけを取り出して取得するには **keys()** メソッドを使います。ここで取得した値は **list()** を使ってリストに変換すると扱いやすくなります。

```
a = {'PS3' : 30, 'PS4' : 3, 'PS2' : 50}
```

```
key = list(a.keys())
```
　　　　　　　　　　　すべてのキーを取り出します。
　　　　　　　　　　　取り出したキーをリストに変換します。

🔓 辞書の値のリストを作る

辞書の値だけを取り出して取得するには **values()** メソッドを使います。ここで取得した値は keys() メソッドと同様に、list() を使ってリストに変換すると扱いやすくなります。

```
value = list(a.values())
```
　　　　　　　　　　　すべての値を取り出します。
　　　　　　　　　　　取り出した値をリストに変換します。

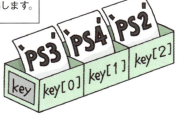

辞書の要素のリストを作る

辞書の要素（キーと値）を取り出して取得するには `items()` メソッドを使います。ここで取得した値は `keys()` メソッドと同様に、`list()` を使ってリストに変換すると扱いやすくなります。

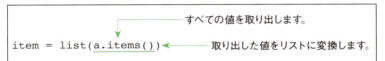

```
item = list(a.items())
```
すべての値を取り出します。
取り出した値をリストに変換します。

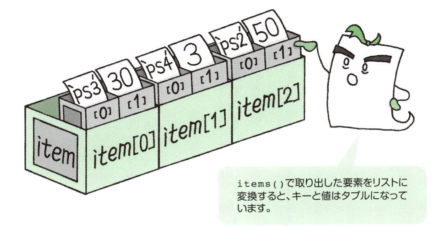

items()で取り出した要素をリストに変換すると、キーと値はタプルになっています。

集合（セット）

集合を使うことで、要素をグループ分けして扱うことができます。

🔓 集合（セット）とは

集合とは、要素をグループ分けして扱う型のことです。リストと似ていますが、要素に順序がありません。また、リストは同じ値の要素を複数持つことができますが、集合は同じ要素を重複して持つことができません。

```
a = {'いちご','みかん','りんご', 'れもん'}
```

要素を {} でくくります。

この集合に、すでにある'いちご'などを加えたりすることはできません。

🔓 ほかの型から集合型へ変換する

`set()` を使うことで、ほかの型から集合を作ることができます。

```
seta = set('ABCDE')
```
変換したい値

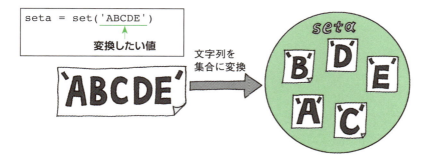

文字列を集合に変換

リストから集合に変換することもできます。リスト内で同じ値が複数あった場合は、重複分を取り除いて変換します。

```
li = [1, 5, 11, 9, 7, 1]
setb = set(li)
```

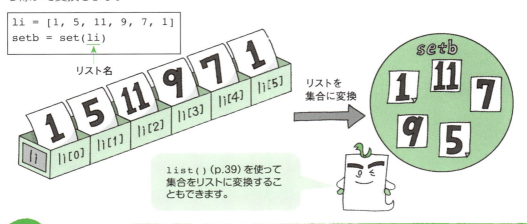

`list()`(p.39)を使って集合をリストに変換することもできます。

集合の要素数を取得する

集合の要素数を確かめるには **`len()`** を使います。`()`の中に調べたいリストの変数名を入れると、結果が数値で返されます。

```
colorM = {'C','M','Y','K'}
length= len(colorM)
```

要素数は 4

値の有無を判別する

`in` を使うことで特定の値が集合の中に含まれているかを調べることができます。結果は `True` か `False` で返されます。

```
swt = {'チョコ', 'クッキー', 'アイス'}
chk = 'クッキー' in swt
```

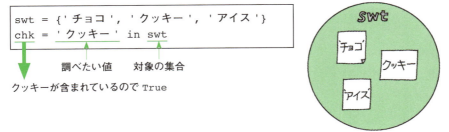

クッキーが含まれているので True

集合(セット) **57**

集合の演算（1）

集合を扱うにあたって集合演算は知っておくべき操作のひとつです。

集合演算とは

集合演算を行う演算子やメソッドを用いることで、2つ以上の集合を整理できます。

	演算子	メソッド
積集合	`&`	`intersection()`
和集合	`|`	`union()`
差集合	`-`	`difference()`
対称差（排他的論理和）集合	`^`	`symmetric_difference()`
部分集合	`<=`	`issubset()`
真部分集合 （部分集合で同一集合ではない）	`<`	
上位集合	`>=`	`issuperset()`
真上位集合 （上位集合で同一集合ではない）	`>`	

以下の集合 a, b を例に集合演算を行ってみましょう。

```
a = {'きいろ', 'みどり', 'あか', 'むらさき'}
b = {'あお', 'みどり', 'むらさき'}
```

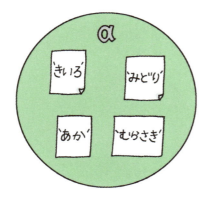
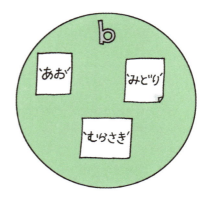

🔓 積集合

積集合は、2つ以上の集合に共通している要素を抜き出します。積集合の演算には、**&** 演算子または **intersection()** メソッド（インターセクション）を用います。

```
c = a & b
```
または
```
c = a.intersection(b)
```

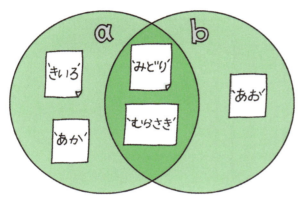

3つ以上の集合で演算したいときは、
a & b & c または
a.intersection(b,c)
といった形で記述できます。

集合 a, b の積集合 c は、{ 'みどり', 'むらさき' } になります。

🔓 和集合

和集合は、2つ以上のセットを合わせた集合です。和集合の演算には、**|** 演算子または **union()** メソッド（ユニオン）を用います。

```
c = a|b
```
または
```
c = a.union(b)
```

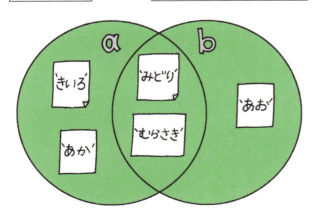

集合 a, b の和集合 c は { 'みどり', 'きいろ', 'あか', 'あお', 'むらさき' } になります。

集合の演算(2)

ここでは差集合、対称差集合、部分集合について理解します。

差集合

集合 a と集合 b があるとき、集合 a から集合 b の要素を取り除いた集合が差集合です。- 演算子または **difference()** メソッドを用います。

```
c = a - b
```
または
```
c = a.difference(b)
```

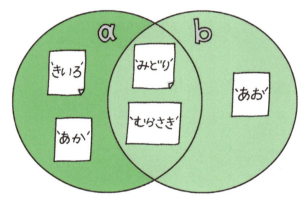

集合 a, b の差集合 c は {' きいろ ', あか '} になります。

対称差（排他的論理和）集合

集合 a と集合 b のどちらか一方にある要素を集めたのが対称差集合です。^ 演算子または symmetric_difference() メソッドを用います。

```
c = a ^ b
```
または
```
c = a.symmetric_difference(b)
```

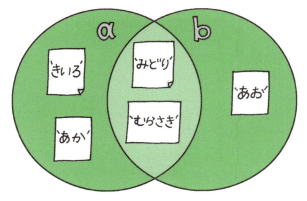

集合 a, b の対称差 c は `{'きいろ', 'あか', 'あお'}` になります。

部分集合

集合 a と集合 b があるとき、どちらかがもう一方の要素をすべて含んでいるかどうかを、<= 演算子または issubset() メソッドで調べることができます。結果は、含まれていれば True、含まれていなければ False になります。

```
a = {'みどり', 'むらさき', 'あお', 'きいろ'}
b = {'あお', 'きいろ'}
```

```
c = b <= a
```
または
```
c = b.issubset(a)
```

スーパーセット（上位集合）
すべての要素を含むセット

サブセット（部分集合）
あるセットに含まれる集合

集合 b は集合 a に含まれているので、部分集合 c は True になります。

集合の演算(2)

COLUMN

～リストのコピー～

　`a = [10, 20, 30]`として定義したリストを「`b = a`」といったようにほかの変数に代入すると、a, b両方で同じようにリストを利用できます。一見、元のリストをコピーしたかのように見えますが、じつはリストごと複製されたわけではありません。実際には、リストには実体である「オブジェクト」が別の場所にあって、aやbには「実体のある場所」を示す参照情報のみが格納されています。「`b = a`」というのは、その参照情報だけをやりとりしているにすぎません。そのため、どちらか片方のリストの内容を書き換えたときには、もう一方のリストも同じように書き換えられてしまいます。

　同じ値のリストを別のオブジェクトとして複製したいときには、**`copy()`** メソッドを使います。

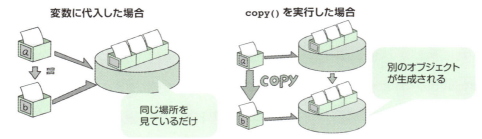

変数に代入した場合／copy()を実行した場合／同じ場所を見ているだけ／別のオブジェクトが生成される

　次のコードはリストaを変数bに代入した場合と、`copy()`で複製したリストcが、同じオブジェクトかどうかを比較しています。

```
a = [10, 20, 30]
print('リスト a：', a)
b = a
c = a.copy()         ← list(a)とすることも可能です。
print('リスト b', b, 'は リスト a と同じ？：', b is a)
print('リスト c', c, 'は リスト a と同じ？：', c is a)
a[0] = 1
print('リスト b：', b)
print('リスト c：', c)
```

is 演算子
オブジェクトどうしを比較します。

実行結果

```
リスト a： [10, 20, 30]
リスト b [10, 20, 30] は リスト a と同じ？： True
リスト c [10, 20, 30] は リスト a と同じ？： False
リスト b： [1, 20, 30]
リスト c： [10, 20, 30]
```

リストaと同じオブジェクトであるリストbは値が更新されていますが、リストcは異なるオブジェクトなので値は変更されません。

 プログラムの流れを変えてみよう!

　この章では、実際にプログラミングをするうえでよく使われる**制御文**について紹介します。制御文はプログラムの流れを必要に応じて変えたいときに使うものです。

　プログラムは本来、水のように上から下に向かって流れていきますが、それでは単純な動作しか定義できません。状況によっては、「同じ処理を繰り返す」「演算結果によって処理を中止したい」ということもあるでしょう。そんなときに活躍するのが制御文です。制御文を使えばプログラムの流れを戻したり、せき止めたりすることも可能になります。

　はじめに紹介するのは`if`文です。これは英語の「if」という単語の意味のとおり、「もし〜だったら…する」という、条件分岐を作る制御文です。つまり、条件が「成り立った場合」と「成り立たなかった場合」の2通りのプログラムの流れを用意できるのです。もちろん、`if`文を複数使用することにより2つ以上の流れを作ることも可能です。

次に登場するのが **for** 文と **while** 文です。これらはどちらも処理の「繰り返し」を行いたいときに使う制御文です。Pythonでは、リストなどの複数のデータを持つ型から値を順番に取り出すときや、指定した回数ぶんだけ処理を行いたいときに繰り返しの処理を使います。

　Pythonは処理のかたまりである**ブロック**を表現するときに、インデントの深さでその範囲を識別するのも特徴のひとつです。PEP8(Python Enhancement Proposal 8)というPythonのコーディング規約に沿ってコードを記述することでユーザーごとの可読性の差を少なくできます。

　さらにこの章ではPythonらしいプログラミングの記述方法である**内包表記**についても解説しています。

　制御文を使えば、コンピュータに複雑な処理をさせることが可能になります。しかし、プログラムの流れを変えると、**無限ループ**（永久に続く繰り返し）など、間違ったプログラムを書いてしまうケースも増えてきます。それぞれの制御文を正しく理解し、十分に気を付けてプログラミングするようにしましょう。

if 文(1)

制御文の if は英単語の「if(もし〜だったら)」と同じ意味です。
Python の制御文の中では一番基本的なものです。

if 文とは?

if 文は条件によって処理を分けて行うときに使います。条件には比較演算子や論理演算子を使った条件式を指定します。

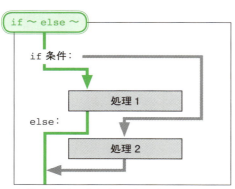

条件が成り立つとき(True)は処理 1 を、
成り立たないとき(False)は処理 2 を行います。

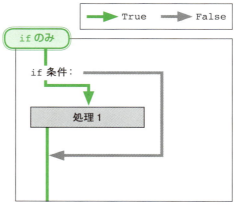

条件が成り立つときは処理 1 を行います。
成り立たないときは何もしません。

例

```
a = 5
print(a, 'は')
if a % 2 == 0:
    print('偶数です。')
else:
    print('奇数です。')
```

実行結果

```
5 は
奇数です。
```

≫ブロック

前ページの「処理 1」「処理 2」……などと書かれている部分では処理を複数記述できます。この処理のかたまりのことを**ブロック**といいます。Python ではブロックをインデントによって指定します。

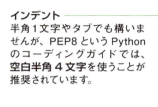

インデント
半角 1 文字やタブでも構いませんが、PEP8 という Python のコーディングガイドでは、**空白半角 4 文字**を使うことが推奨されています。

ブロックの前のコード（ヘッダー行）の末尾には：（**コロン**）を付けます。

≫行の途中の改行について

Python では原則として行の途中での自由な改行を許していません。コードが長すぎるなどの理由で改行したいときは、連続した行であることを表す ¥ を末尾につけます。なお、( )、{ }、[ ] の中での改行は許可されています。

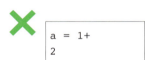

例

```
s = 60
print('あなたの点数は ', s, '点です。')
if s < 70:
    print('平均点まであと ', 70 - s, '点です。')
    print('頑張りましょう。')
else:
    print('よくできました！')
```

ブロック
ブロック

実行結果

```
あなたの点数は 60 点です。
平均点まであと 10 点です。
頑張りましょう。
```

if 文（2）

if 文はさらに複雑な構造を持つこともできます。

連続した if 文

複数条件のどれに当てはまるかによってそれぞれ違う処理を行いたいときは if、elif、else を次のように組み合わせて使います。

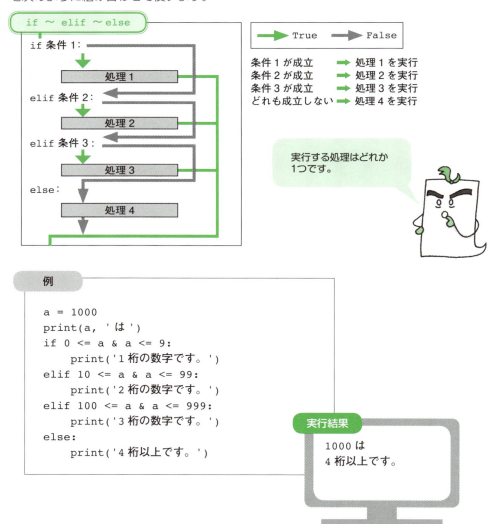

実行する処理はどれか1つです。

例

```
a = 1000
print(a, 'は ')
if 0 <= a & a <= 9:
    print('1 桁の数字です。')
elif 10 <= a & a <= 99:
    print('2 桁の数字です。')
elif 100 <= a & a <= 999:
    print('3 桁の数字です。')
else:
    print('4 桁以上です。')
```

実行結果

```
1000 は
4 桁以上です。
```

入れ子になった if 文

if 文をはじめとする制御文では、処理の中にさらに制御文を含めることができます。このような入れ子のことを**ネスト**といいます。

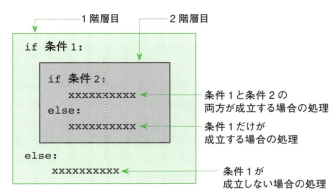

例

```
a = 90
if a > 80:
    if a == 100:
        print('満点です。')
    else:
        print('もう少しです。')
else:
    print('頑張りましょう。')
```

実行結果

もう少しです。

条件が成立したときの判断でif文をネストしています。

for 文 (1)

プログラムでは、同じような処理を繰り返すことがよくあります。そんなときは for 文を使います。

ループとは?

プログラムにおける繰り返し処理のことをループといいます。ループでは、ある条件が成り立っているあいだだけ処理を繰り返し実行します。

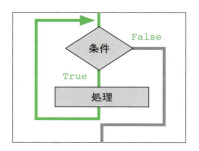

条件が成立しなくなったら、ループを終了します。

for 文を使ってリストの値を取り出す

Python では、リストやタプルから値をひとつずつ順番に取り出すときなどに for 文を使います。指定したリストの要素数ぶんだけ同じ動作を繰り返すことができます。

例
```
w = ['月','火','水','木','金','土','日']
for wday in w:
    print(wday)
```

実行結果
```
月
火
水
木
金
土
日
```

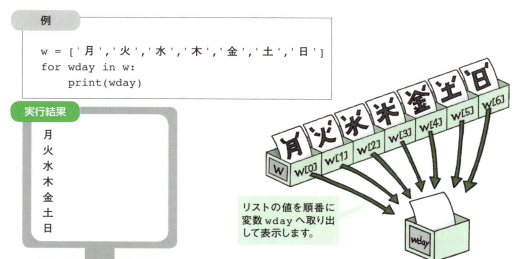

リストの値を順番に変数 wday へ取り出して表示します。

for 文に else ブロックを追加することで、繰り返しが終了したときに実行される処理を指定できます。

例

```
w = ['金','土','日']
for wday in w:
    print(wday)
else:
    print('週末です。')
```

実行結果

```
金
土
日
週末です。
```

for 文を使って辞書の内容を取り出す

辞書ではキーや値、それらのペアを、リストと同様に for 文を使って取り出すことができます。

例

```
we = {'金':'Fri','土':'Sat','日':'Sun'}
for keys in we:
    print(keys)
for value in we.values():
    print(value)
for item in we.items():
    print(item)
```

- `we` ← 辞書をそのまま記述すると、キーのみを取得します。
- `we.values()` ← values() メソッドを使って辞書の値のみを取得します。
- `we.items()` ← items() メソッドを使って辞書のキーと値のペアをタプルで取得します。

実行結果

```
金
土
日
Fri
Sat
Sun
('金', 'Fri')
('土', 'Sat')
('日', 'Sun')
```

- 金/土/日 ← キーを順番に取り出します。
- Fri/Sat/Sun ← 値を順番に取り出します。
- ('金','Fri')... ← 要素(キーと値のペア)を順番に取り出します。

for 文 (2)

range() を使って、特定の範囲の数値を取得することができます。

 range( ) を使った繰り返し

range()(レンジ)を使うことで、あらかじめ何かに値を格納しなくても、指定した範囲のぶんだけ数値を作成できます。

例
```
for a in range(7):
    print(a)
```
値を格納する変数名
range
0から指定した値の手前までの数値を生成します。

実行結果
```
0
1
2
3
4
5
6
```
7 は含まれません。

開始値を指定したり、ステップ(増加量)を指定したりして、特定の範囲の値を得ることもできます。省略すると、開始値は0、ステップは1が初期値として設定されます。

例
```
for a in range(10, 5, -1):
    print(a)
```
開始値 終端値 ステップ

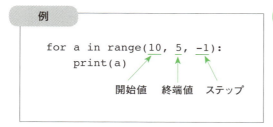

実行結果
```
10
9
8
7
6
```
10から5の手前までの範囲をステップ-1(逆順)で順番に取り出します。

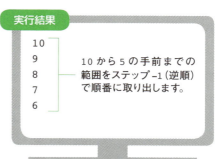

ステップに 2 を指定すれば偶数や奇数のみを取り出すこともできます。

例
```
for a in range(20, 31, 2):
    print(a)
```
ステップを 2 に設定

実行結果
```
20
22
24
26
28
30
```

🔒 range( ) を使ったリストの作成

`list()` の中で `range()` を使ってリストを作成することもできます。

```
li = list(range(20,31,2))
```

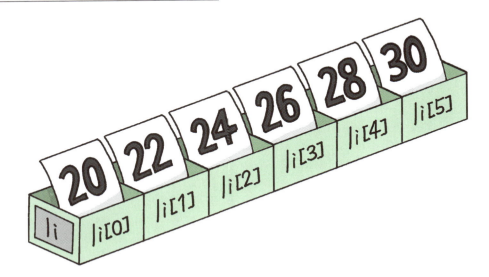

while 文

処理を繰り返す回数や範囲があらかじめ決まっていないときは、while 文を使います。

🔓 while 文とは?

while 文は、ある条件が成り立っているあいだだけ、処理を繰り返し実行する制御文です。for 文と異なり、繰り返す回数がわからないときに使います。

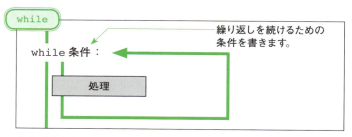

条件が成立する限り処理を繰り返します。

例

```
a = 0
while a <= 5:
    print(a)
    a += 1
```

← 繰り返しを続けるための条件式を書きます。

a が 5 になるまで繰り返されます。

実行結果
```
0
1
2
3
4
5
```

Pythonにはほかの言語のdo〜whileにあたる文はありません。

🔓 while 〜 else

whileの繰り返しが終わったあとに実行する処理を、elseブロックで追加できます。繰り返しの途中にbreak文（次ページ参照）があったときは、elseブロックの処理は実行されません。

例

```
a = 0
while a <= 5:
    print(a)
    a += 1
else:
    print('書き出しが終わりました。')
```

実行結果
```
0
1
2
3
4
5
書き出しが終わりました。
```

🔓 無限ループに注意

whileなどの繰り返し制御文では、常に成立するような条件を誤って指定してしまうと、処理を永久に繰り返してしまいます。これを無限ループといい、プログラムのバグ（不具合）のひとつです。

無限ループにならないように、条件と繰り返しの処理の内容に注意しましょう。

❌
```
a = 0
while a < 5 :
    print(a)
```

注意

`a += 1`などとしてaを増やすところを記述しませんでした。これではaの値が変わらないので、**無限ループになってしまいます。**

ループしてしまったときには
[Ctrl]＋[C]で実行を停止できます。

ループの中断

繰り返し文などで流れを変えるときに使う制御文 break と continue を紹介します。

繰り返しを中断する

for 文や while 文などの繰り返しを途中で中断するには **break**（ブレーク）文を使います。プログラムの実行中に break 文があると、一番近い繰り返しのブロックの終わりにジャンプします。break 文は複数のブロックを通過することはできません。

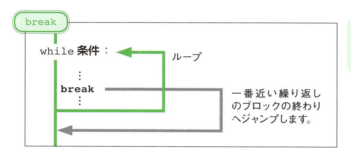

途中でbreakした場合、for〜elseやwhile〜elseのelseブロックは実行されません。

例

```
a = 0
b = 5
while a < 5:
    if (b - a) <= 0:
        break
    print(b - a)
    a += 1
```

b-a の値が 0 以下になったらループを終了します。

実行結果

```
5
4
3
2
1
```

5−5 は 0 になるのでループを終了します。

繰り返しの次の回に移る

実行中のループ処理を中断する break 文に対し、**continue** 文は繰り返しのその回の処理を中断し、次の回の最初から実行するという動きをします。

```
continue
    while 条件:
        ⋮
        continue
        ⋮
```

一番近いループの始まりに戻ります。

ループ

例

```
li = [1, 3, 5, '七', 9]
for a in li:
    if type(a) == str:
        print(a, '数値ではなく文字列です')
        continue
    print(a)
```

変数 a が文字列の場合、ループの始まりに戻ります。

実行結果

```
1
3
5
七 数値ではなく文字列です
9
```

'七' は文字列なのでメッセージが表示されます。

プログラム自体を終了したいときは quit() を使います。

内包表記（1）

リストの内包表記について学習します。

リストの内包表記

Pythonではfor〜in構文を使って、すでにあるリストなどから簡単に値を取り出せます。たとえば、a = [1, 2, 3, 4, 5] というリストの各要素の値を2倍にしたリストを作るには以下のようなコードが考えられます。

```
a = [1, 2, 3, 4, 5]
a_db = []
for x in a:
    a_db.append(x*2)
```

これは次のように書くことができます。このような書き方をリストの**内包表記**といいます。リストの内包表記では、リストの要素を順番に変数に取り出して、その変数を用いた式を実行し、結果をリストの要素として順番に格納します。

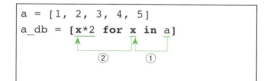

①リスト a から取り出した値を変数 x に格納する。
②変数 x を使った式 x*2 を実行した結果を新規リスト a_db に値として格納する。

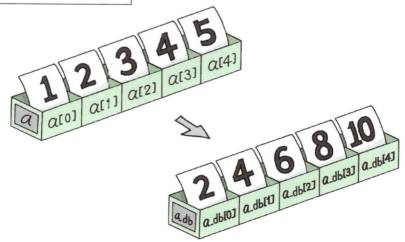

🔒 条件式を含むリストの内包表記

リストの内包表記にはさらに条件式を追加することもできます。下記の内包表記では、リスト a から 10 以上の値だけ抜き出して、さらにそれらの数値を 2 倍にした新規リスト a_chk を作成しています。

```
a = [1, 5, 17, 25, 32]
a_chk = [x*2 for x in a if x >= 10]
```

①リスト a から取り出した値を変数 x に格納する。
②変数 x に対して条件式 x >= 10 を評価する。
③条件に当てはまった x について、式 x*2 を実行して、リスト a_chk の値として格納する。

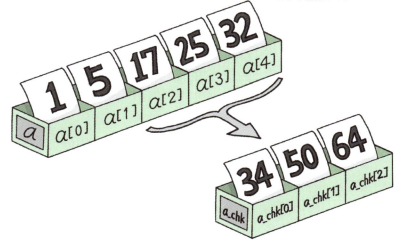

リストの内包表記を構文としてまとめると次のようになります。

```
[ 式 for 変数 in イテラブルなオブジェクト (if 条件式)]
```

≫イテラブル（iterable）なオブジェクト

イテラブルとは「要素を順番に取り出せること」で、リストや文字列、タプル、辞書などがそのような性質を持ちます。内包表記は、イテラブルなオブジェクトから新しいデータ構造を作るための記法です。

関連トピックスとして、第5章のジェネレータや第6章の finditer() も参照してください。

内包表記(2)

リストだけでなく、辞書や集合についても内包表記を利用することができます。

辞書の内包表記

辞書の内包表記は、基本的にリストの内包表記とほぼ同じですが、返す値は「キー：値」のペアになります。次のコードでは、リストから文字列だけを取り出して辞書のキーとして設定し、さらにキーのペアになる値を 1 〜 100 のあいだでランダムに生成しています。

例

```
from random import randint
keys = ['いちご', 9, 'みかん', 25, 'りんご']

d = { x:randint(1, 100) for x in keys if type(x) == str }

print(d)
```

モジュールを読み込み、ランダムに値を生成する関数を使えるようにします。
※import については第 6 章を参照。

①リスト keys から取り出した値を変数 x に格納する。
②変数 x に対して条件式 type(x) == str を評価し、文字列であるか確認する。
③条件に当てはまった値を辞書 d のキーとして格納する。
④キーに対応する値を randint() によって自動生成し、辞書 d の値として格納する。

実行結果

```
{'いちご': 66, 'みかん': 40, 'りんご': 38}
```

辞書の内包表記を構文としてまとめると次のようになります。

```
{ キー:値 for 変数 in イテラブルなオブジェクト (if 条件式) }
```

集合の内包表記

集合の内包表記もリストと同様です。記述の違いはカッコが [ ] から { } になることです。以下のコードでは、リスト a から条件式で 0 より大きく 10 以下の値だけを抜き出し、集合 setA を生成しています。

例
```
a = {1, 4, 5, -1, 9, -2, 10, 9, 15, 4, -5}

              ②
setA = { x for x in a if (0 < x <= 10)}
         ↑    ↑
         ①
              ③

print(setA)
```

① リスト a から取り出した値を変数 x に格納する。
② 変数 x に対し、条件式 0 < x <= 10 を評価し、0 より大きく 10 以下の値であるかを確かめる。
③ 条件に当てはまった値を集合 setA の値として格納する。

実行結果
```
{1, 4, 5, 9, 10}
```

集合なので、条件式に当てはまる値でも重複しているぶんの値は無視されます。

集合の内包表記を構文としてまとめると次のようになります。

```
{ 式 for 変数 in イテラブルなオブジェクト (if 条件式) }
```

サンプルプログラム

●くじゲームを作成する

ユーザーが入力した1〜10の数字5つと、ランダムに決められた当選番号とを比較して、当選数を表示するプログラムです。

ソースコード

```
from random import randint

user_numbers = []
lucky_numbers = []

print('●1〜10の数字を5つ入力して下さい。')

# 抽選エントリー用の数字を選ぶ
while 0 <= len(user_numbers) < 5 :
    input_numbers = input('> ')

    try:
        a = int(input_numbers)
    except:
        print('無効な値です。もう一度入力して下さい。   ')
        continue

    if 1 > a or a > 10:
        print('1〜10の数字を入力して下さい。')
        continue
    elif a in user_numbers:
        print(user_numbers, '以外の数字を入力してください。')
        continue
    user_numbers.append(a)
print('あなたが選んだ数字は ', user_numbers,'です。\n')

# 当選番号を選ぶ
print('抽選をはじめます。')
while 0 <= len(lucky_numbers) < 5 :
    b = randint(1,10)
    if b not in lucky_numbers:
        lucky_numbers.append(b)
    else: # 抽選した数字の重複を回避
        continue
print(lucky_numbers,'\n')
```

- ランダムに数値を決める randint() を使うためにモジュールをインポートします（6章参照）。
- ユーザーが数値を5個入力するまで繰り返します。値はリストに格納します。
- 数字以外の値が入力された場合の例外処理（7章参照）です。
- 数字が指定範囲外の場合や既に入力した値だった場合、入力をやり直します。
- 1〜10のなかからランダムに数値を選定します。

```
# 抽選エントリー用の番号と当選番号を比較する
userset = set(user_numbers)
luckyset = set(lucky_numbers)
winset = userset.intersection(luckyset)
print('当選した数字は ',winset)
print('当選数は ',len(winset),'個です。')
```

ユーザー入力と当選番号を集合に変換し、重複している値のみ取り出します。

実行結果

```
●1～10の数字を5つ入力して下さい。
>  1
>  11
1～10の数字を入力して下さい。
>  aaa
無効な値です。もう一度入力して下さい。
>  2
>  3
>  8
>  10
あなたが選んだ数字は [1, 2, 3, 8, 10] です。

抽選をはじめます。
[7, 10, 8, 3, 2]

当選した数字は {8, 10, 2, 3}
当選数は 4 個です。
```

※ 太字はユーザーが入力した文字

COLUMN

〜 None 〜

　Pythonには **None** という特殊な値があります。これは、「値が存在しないこと」を表す値であり、0 や False、空のリストなどとは別のものです。None は NoneType 型に設定できる唯一の値です。

　None は、関数のデフォルト引数（第5章参照）を指定する際のデフォルト値として使われます。

　次のコードを見てみましょう。関数 append1()、append2() は、引数で指定したリストに特定の文字列を追加したリストを作成する関数です。引数を指定しない場合は、空のリストに追加することを想定しています。これらを呼び出す際、デフォルト引数を空のリストにしておくのと、None を用いるのとでは結果に差が出てきます。なぜでしょうか？

```python
def append1(a = []):     ← デフォルト引数が
    a.append('A')          空のリスト
    return a
print(append1())
print(append1())

def append2(a = None):   ← デフォルト引数が
    if a is None:          None
        a = []
    a.append('X')
    return a
print(append2())
print(append2())
```

実行結果
```
['A']
['A', 'A']
['X']
['X']
```

　これは、Pythonではデフォルト引数が、モジュール（プログラムコード）を読み込んだときの一度だけしか評価されないためです。関数 append1() の場合、デフォルト引数に空のリストが指定されているため、append1() をはじめに呼び出したときに空のリスト（＝オブジェクト）が作られ、以降は append1() を呼び出すたびにそのオブジェクトを使いまわすことになります。これに対して、関数 append2() の場合は、デフォルト引数に None を指定しているため、オブジェクトの使いまわしが起きることなく、そのあとの if 文で新規にリストが作成されています。

　なお、None かどうかを判定するには == や != ではなく、is または is not を使います。また、None 自体は論理演算においては False とみなされます。

関数を作ってみよう

　第5章では、Pythonプログラムの関数の作り方について紹介していきます。第1章でも述べたとおり、関数は「一連の処理の集まり」であり、呼び出すことで何らかの処理をまとめて実行することができます。たびたび登場してきた`print()`はPythonに標準で組み込まれている関数ですが、プログラマが独自の関数を作ることもできるのです。

　関数を定義するには、「`def 関数名():`」のような文から開始します。その後に続くブロックが1つの関数の範囲です。Pythonのブロックは前章で解説したとおり、字下げ（インデント）のレベルで区別されます。また関数には引数（パラメータ）を設定して、引数の値によって1つの関数にいろいろな動きをさせることができます。Pythonの場合、リストやタプルと組み合わせることで柔軟な引数指定が可能になっています。さらに関数は実行結果（戻り値）を返すことも可能です。

　関数は何度も呼び出すことができるので、うまく設計すると、複雑なプログラムをシンプルに記述できます。

変数の有効範囲

　Pythonでは宣言などの準備なしに変数を使えるようになっています。そのため、変数は値を代入した時点で利用できる状態になります。もし、何の値も代入していない変数を利用しようとすると、NameErrorというエラーになります。

　これまで見てきたように、関数の外で値を代入した変数は、プログラムファイルのどこからでも利用可能になっています。一方、関数の中で値を代入した場合は、基本的にその関数の中だけで有効です。このような変数の有効範囲のことを変数の**スコープ**といいます。

　変数にわかりやすい名前を付けることももちろんですが、変数の有効範囲を正しく理解することも大切です。

ジェネレータ

　すこし進んだトピックとして、関数に似た仕組みである**ジェネレータ**についても紹介しています。関数は同じ引数で呼び出したら基本的に同じ値を返すものですが、ジェネレータは呼び出すごとに別々の値が返ってくるところが異なります。たとえば、本書では呼び出すごとに0,1,2,……という値を返すジェネレータを紹介しています。またPython 2.5から利用可能になった、ジェネレータに値を送信する方法についても紹介しています。

　関数を使いこなせばプログラムの幅が広がりますので、しっかり理解して利用していきましょう。

関数の定義

関数について理解し、定義する方法を見ていきます。

関数とは?

関数は、プログラマが与えた値を使って、あらかじめ定めた指示どおりに処理を行い、結果を吐き出す箱のようなものです。処理の材料になる値のことを**引数**（パラメータ）といい、結果の値のことを**戻り値**（返り値）といいます。

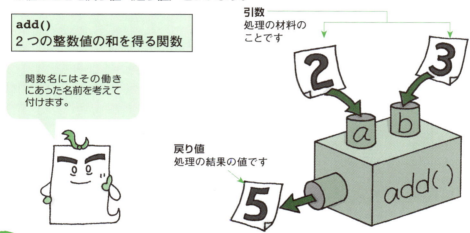

`add()`
2つの整数値の和を得る関数

関数名にはその働きにあった名前を考えて付けます。

引数
処理の材料のことです

戻り値
処理の結果の値です

関数の定義

上記の関数を Python で記述すると、次のようになります。このように関数の機能を記述することを「関数を定義する」といいます。

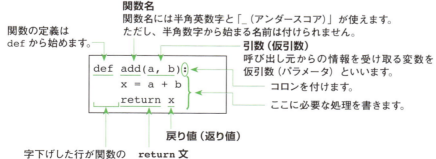

関数の定義は def から始めます。

関数名
関数名には半角英数字と「_（アンダースコア）」が使えます。
ただし、半角数字から始まる名前は付けられません。

引数（仮引数）
呼び出し元からの情報を受け取る変数を仮引数（パラメータ）といいます。

コロンを付けます。

ここに必要な処理を書きます。

字下げした行が関数の範囲となります。

戻り値（返り値）
return 文
関数を終了し、戻り値を返します。

引数が必要ないときは省略できます。

```
def getHello():
    return 'Hello'
```

引数を省略

( )は省略できません。

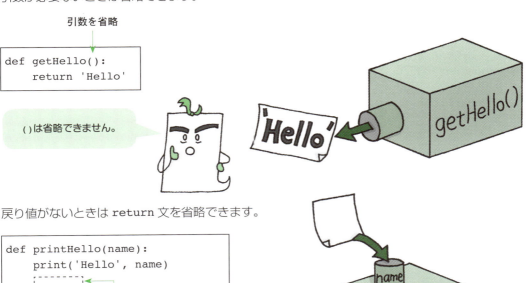

戻り値がないときは return 文を省略できます。

```
def printHello(name):
    print('Hello', name)
    ･･････
...
```

return 文を省略

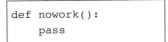

何もしない関数を作るときは、関数の中身を pass とします。

```
def nowork():
    pass
```

関数の中にpassがあると、関数の中身がすべて無効になります。

関数の定義

関数の呼び出し

定義された関数を呼び出して、実行する方法を見ていきましょう。

呼び出しの基本形（位置引数）

関数は次のように呼び出します。呼び出し時に指定する引数を**実引数**(じつひきすう)といい、原則として定義と同じ個数を指定します。

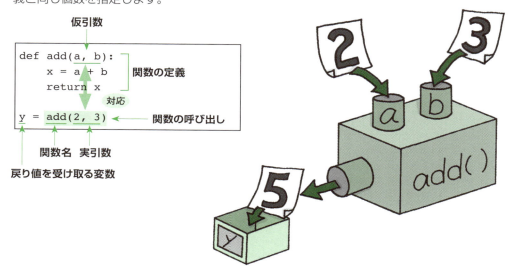

```
          仮引数
def add(a, b):
    x = a + b        関数の定義
    return x
                対応
y = add(2, 3)    ← 関数の呼び出し

   関数名 実引数
戻り値を受け取る変数
```

引数を持たない関数のときは次のようになります。

```
def getHello():
    return 'Hello'    関数の定義
s = getHello()    ← 関数の呼び出し
    関数名
```

🔓 キーワードを使った引数指定（キーワード引数）

仮引数の名前を使って、引数の対応を指定することができます。

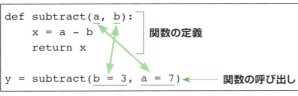

関数の定義
関数の呼び出し

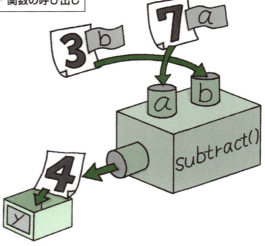

実引数の順番は仮引数と同じでなくても構いません。

```
def calc(calctype, a, b, c):
    if calctype == '和':
        x = a + b + c
        s = '{}+{}+{}={}'.format(a, b, c, x)
    elif calctype == '積':
        x = a * b * c
        s = '{}*{}*{}={}'.format(a, b, c, x)
    else:
        s = '???'
    return calctype + ':' + s

print( calc('和', a=5, b=8, c=3) )
print( calc('積', a=5, b=8, c=3) )
print( calc('差', a=5, b=8, c=3) )
```

最初の引数は位置で、残りの引数はキーワードで指定しています。

実行結果

和:5+8+3=16
積:5*8*3=120
差:???

関数の呼び出し

引数をまとめて受け取る

タプルや辞書の仕組みを使って、引数をまとめて受け取る方法を紹介します。

 タプルで受け取る方法

仮引数の前に * を付けると、引数をタプルとして受け取ることができます。

```
def avg(*args):
    sum = 0
    for n in args:
        sum += n
    return sum / len(args)

print( '平均：', avg(1,3,5,7) )
```

args はタプルになります。

ちなみに、この avg 関数は数学関数である sum() を使えば、もっと簡潔に書けます。

```
def avg(*args):
    return sum(args) / len(args)
```

実行結果

平均：4.0

数学関数には、mean() という、直接平均を求める関数もあります。

辞書を使って受け取る方法

≫キーワード引数を辞書として受け取る

仮引数の前に ** を付けると、キーワード引数を辞書として受け取ることができます。

```python
def printDic(**args):
    for s, t in args.items():
        print( s, ':', t )

printDic(a=20, b=30, c=50)
```

argsは辞書になります。

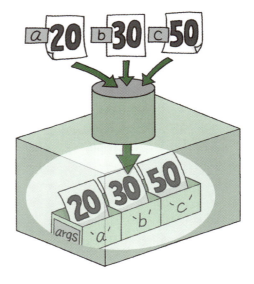

実行結果
```
a : 20
b : 30
c : 50
```

≫辞書を展開して受け取る

引数として辞書を渡して、それを関数側で展開して受け取るときは、呼び出し側の引数の前に ** を付けます。

```python
def printDic(a, b, c):
    print(a, b, c)

d = {'a':20, 'b':30, 'c':50}
printDic(**d)
```

辞書がa、b、cに展開されます。

辞書

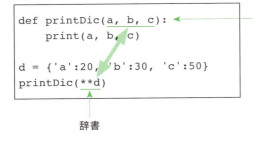

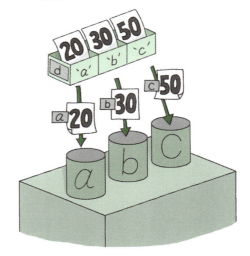

実行結果
```
20 30 50
```

引数をまとめて受け取る

関数のテクニック

デフォルト引数、関数オブジェクト、関数のネストについて見ていきます。

デフォルト引数

引数にデフォルト値を設定できます。デフォルト値が指定された関数は、呼び出すときにその引数を省略できます。

```
def multiply(n, t=2):
    x = n * t
    return x
a = multiply(5)
```
　　　　　↑↑
　　　　　│└─ デフォルト値
　　　　　└── デフォルト引数
　← 第2引数を省略

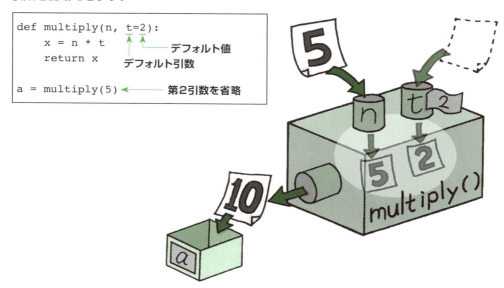

デフォルト引数は右側の引数から複数個設定できます。途中の引数をデフォルト引数にすることはできません。

```
def func(a, b=1, c=0)
    :
```

```
def func(a, b=0, c)
    :
```

第5章／関数

関数オブジェクト

関数名の最後に`()`を付けずに、名前だけ書いたものは関数そのものを表します。これを**関数オブジェクト**といい、値のように変数に代入することができます。

```
def printHello(name):         ┐ 関数の定義
    print('Hello', name)      ┘

func = printHello   ← 関数 printHello を func に代入
func('Shiori')      ← func は関数として扱える
```

実行結果
```
Hello Shiori
```

関数のネスト

関数の中に関数を定義することができます。内側の関数のことを**ローカル関数**といいます。特定の関数の中でのみ利用される関数はローカル関数として定義しておくとよいでしょう。

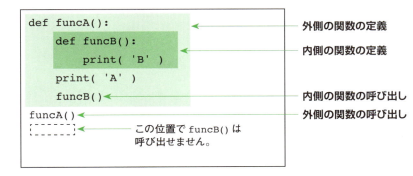

外側の関数の定義
内側の関数の定義
内側の関数の呼び出し
外側の関数の呼び出し
この位置で funcB() は呼び出せません。

無名関数

無名関数の意味と、その使いどころを理解しましょう。

🔓 無名関数とは

単純な処理を行う関数であれば、**lambda**（ラムダ）というキーワードを使ってシンプルに記述できます。この書き方を**無名関数**（ラムダ関数）といいます。

文字列を小文字にする関数

```
def lo(s):
    return s.lower()
```

↓

```
lo = lambda s : s.lower()
```
　　　　　　↑　　　　↑
　　　　　　引数　　戻り値

`lambda`のスペルに注意しましょう。

呼び出し

```
print( lo('HELLO') )
```

実行結果

```
hello
```

コールバックと無名関数

関数は別の関数を引数にとることができます。引数として指定される関数を**コールバック関数**といいます。

a, b に対して何らかの演算を行い、結果を表示する関数

```
def calcdisp(a, b, callback):
    print( callback(a, b) )
```
← コールバック関数

コールバック関数のメリットは、呼び出し側で処理内容を決められることです。しかし、そのためだけに関数を定義しなければなりません。このとき、無名関数を使えば、シンプルに記述できます。

呼び出し

```
def funcPlus(a, b):
    return a + b

calcdisp(3, 5, funcPlus)
```
処理内容を関数で定義

関数を引数として指定

funcPlus()関数は、calcdisp()関数の呼び出し時しか使われません。

```
calcdisp(3, 5, lambda a, b : a + b)
```
引数　　戻り値

1行で書けます。

実行結果

```
8
```

変数のスコープ

変数の有効範囲のことをスコープといいます。

ローカル変数とグローバル変数

関数内で使っている変数を**ローカル変数**といいます。ローカル変数は関数の中だけで有効です。それに対し、関数の外側で使っている変数を**グローバル変数**といいます。グローバル変数はどの関数の中からでも参照できます。

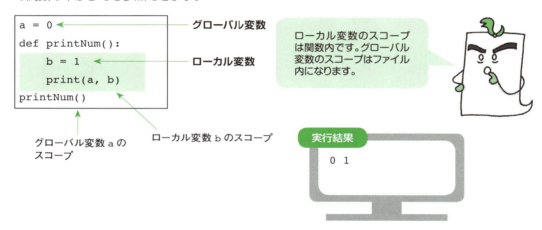

ローカル変数のスコープは関数内です。グローバル変数のスコープはファイル内になります。

関数がネストしているときは、それぞれの関数の中だけで有効です。

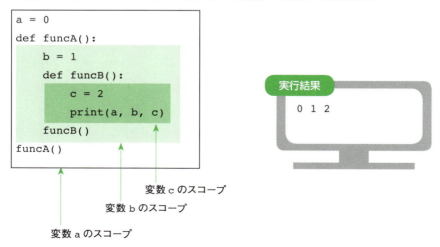

非ローカル変数の変更

関数の中でその外側の変数の値を変更したいときには注意が必要です。次のように単純に代入文を書くだけでは外側の変数は変更できません。

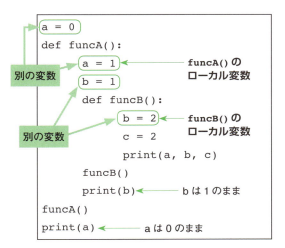

代入すると新しいローカル変数が作られてしまうのですね。

実行結果
```
1 2 2
1
0
```

関数の外側の変数を変更したいときは、**global**（グローバル）または **nonlocal**（ノンローカル）を使って、変数が非ローカルであることを宣言する必要があります。

```
a = 0
def funcA():
    global a      ← グローバル変数で
                    あることを宣言
    a = 1
    b = 1
    def funcB():
        nonlocal b    ← 非ローカル変数で
                        あることを宣言
        b = 2
        c = 2
        print(a, b, c)
    funcB()
    print(b)
funcA()
print(a)
```

実行結果
```
1 2 2
2
1
```

ジェネレータ

ジェネレータの考え方と実装方法を理解しましょう。

ジェネレータとは

ジェネレータは関数の一種です。通常の関数は決まった値を返しますが、ジェネレータを使うと呼び出しごとに別の値を返すことができます。

ジェネレータを利用するには、①ジェネレータ関数を定義する、②ジェネレータ関数を呼び出して初期化する、③ジェネレータオブジェクトを引数に `next()` 関数を呼び出す、という手順で行います。次の例は 0、1、2、3、4 という数値を順に出力します。

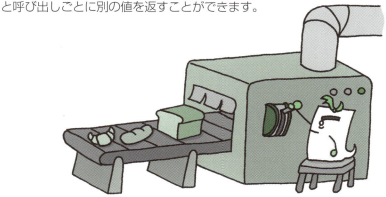

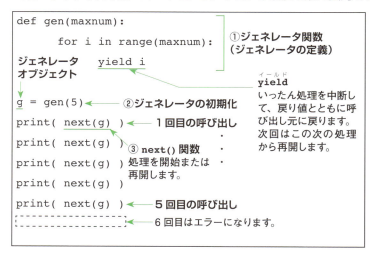

ジェネレータ式を使った書き方

左ページのジェネレータの定義と初期化は、内包表記を使って次のように簡潔に書けます。これをジェネレータ式といいます。

```
g = (x for x in range(5))
```

なお、次のように書いた場合は、t はジェネレータではなく、[0,1,2,3,4] というリストになります。

```
t = [x for x in range(5)]
```

値の送信

ジェネレータは値を発生させるだけでなく、send() というメソッドで値を送ることもできます。次の例は 0,1,2,……と値が増えていくジェネレータですが、途中でベースとなる値を設定できるようになっています。

例

```
def gen(maxnum):
    base = 0
    i = 0
    while i < maxnum:
        o = (yield base + i)
        
        if o is not None:
            base = o           ← send() のときの処理
        else:
            i += 1             ← next() のときの処理

g = gen(10)
print( next(g) )
print( next(g) )
g.send(10)
print( next(g) )
print( next(g) )
g.send(0)
print( next(g) )
print( next(g) )
print( next(g) )
```

next() または send() が呼ばれると、この次の処理から再開します。
　next() のときは「yield base + i」
　send() のときは「o = 送られた値」
の意味になります。
o が None かどうかで next() と send() を判別できます。

send() メソッド
ジェネレータに値を送ります。
値を送ると処理は再開します。

実行結果
```
0
1
12
13
4
5
6
```

```
                    next(g)
開始  base=0 i=0
      yield base + i  中断
                    next(g)
再開    i += 1
      yield base + i  中断
                    g.send(10)
再開  o = (yield base + i)
      base = o
      yield base + i  中断
                    next(g)
           ⋮
```

サンプルプログラム

● **カレンダーを表示する**

西暦、月を指定して、カレンダーを表示します。

ソースコード

```python
# 日数の取得
def getMonthDays(y, m):
    if m in {1, 3, 5, 7, 8, 10, 12}:
        return 31
    elif m in {4, 6, 9, 11}:
        return 30
    elif m == 2:
        if y % 4 == 0 and y % 100 != 0 or y % 400 == 0:
            return 29
        else:
            return 28
    else:
        return 0

# 曜日の取得
def getWeekDay(y, m, d):
    if m == 1 or m == 2:
        y -= 1
        m += 12
    # ツェラーの公式で曜日を計算
    w = (y + y // 4 - y // 100 + y // 400 + (13 * m + 8) // 5 + d) % 7
    return w

# カレンダーの表示
def printCalendar(y, m, d):
    # 見出しを表示
    weekdays = ('日', '月', '火', '水', '木', '金', '土')  # 曜日の戻り値

    w = getWeekDay(y, m, 1)     ← 月の初めの曜日を取得して、初週の余白がいくつ必要かを割り出します。

    print('西暦{}年{}月'.format(y, m))
    print('(月初めの曜日：{}曜日、日数：{})'.format(weekdays[w], d))
    print('-' * 37)
    for wd in weekdays:
        print('   ' + wd, end='')    ← 半角空白3つ
    print()
    print('-' * 37)
```

```
# 初週分の余白を表示
print('     ' * w, end='')

# 日付を順番に表示
for day in range(d) :
    if (w % 7 == 0) and (w >= 7):
        print()
    print('{:5d}'.format(day+1), end='')
    w += 1

print()

# プログラムの実行
year = 2018
month = 2
days = getMonthDays(year, month)
printCalendar(year, month, days)
```

右端（つまり土曜日＝7）まできたら折り返します。

右寄せ5桁で指定された値を表示します。

表示したい西暦と月を指定します。

実行結果

```
西暦 2018 年 2 月
（月初めの曜日：木曜日、日数：28）
--------------------------------
    日    月    火    水    木    金    土
--------------------------------
                              1    2    3
    4    5    6    7    8    9   10
   11   12   13   14   15   16   17
   18   19   20   21   22   23   24
   25   26   27   28
```

COLUMN

〜 docstring 〜

　docstringとは、自分で作成したモジュール、クラス、関数などに付ける「説明文」のことです。Pythonではコメントは基本的に「#」を使って記述できますが、こうしたコメントとの違いはそのモジュールや関数がどんなものであるかをあとから調べられることです。

　モジュールや関数の先頭に、「"""」（ダブルクォーテーション３つ）で囲って文字列を記述すると、その部分がdocstringとして扱われるようになります。記述する内容は、モジュールや関数の仕様について、詳しい解説を入れるのが一般的です。

　では、実際に試してみましょう。p.88で定義した関数にdocstringを追加してみます。

```
def add(a, b):
    """2つの整数値の和を得る関数です。"""
    x = a + b
    return x
```

この部分がdocstringです。

　このファイルを「add.py」の名前で保存したら、対話型インタプリタを起動してください。docstringの内容の確認には、**help()** 関数を使います。addモジュールをインポートし、「help(add)」と入力すると、次のように表示されます。

```
>>> import add

>>> help(add)
Help on module add:

NAME
    add

FUNCTIONS
    add(a, b)
        2つの整数値の和を得る関数です。

FILE
    c:\pythonehon\add.py
```

記述した内容が表示されます。

　ドキュメント作成ツールであるSphinxでは、このdocstringの文字列を利用して、Webブラウザで閲覧可能なHTML形式のドキュメントを生成できます。

6

文字列

文字列の操作

　この章では、文字列を加工したり、文字列の情報を取得したりする方法について見ていきます。前半では、文字列の分割、結合、置換、検索、長さの取得などについて紹介しています。

　Pythonには標準でいろいろな文字列関連の関数やメソッドが用意されています。文字列はリストと同じように扱えることから、特定の文字を参照したり、部分文字列を取得したりする場合は、関数を使うのではなく [ ] の中にインデックス番号を指定します。文字列操作はどんなプログラムでも何かと利用する機会が多いものです。ここで紹介した関数やメソッドの使い方くらいは把握しておくとよいでしょう。

正規表現って何だろう

　正規表現というと何やら難しそうな響きですが、簡単にいうと、文字列をあいまいに表現する方法のことです。たとえば、「PHPの絵本」「Perlの絵本」「Pythonの絵本」はどれも「P」から始まり「の絵本」で終わっています。これを正規表現で表すと、「P.+の絵本」のようになります。正規表現自体はプログラミング言語だけでなく、テキストエディタでも使われていますので、プログラミングが初めてという方でも目にしたことがあるかもしれません。

　先ほどの正規表現で「.」や「+」は**メタ文字**と呼ばれ、それぞれ任意の1文字とその繰り返しを表します。これらを組み合わせて作った表現のことを**パターン**といいます。これらを使って文字列がパターンにマッチするかを調べたり、正規表現による置換や分割をしたりできます。

モジュールについて理解しよう

　モジュールについては今までにも「`import sys`」などの形で何度か登場していますが、ここできちんと理解しておきたいと思います。

　Pythonには`sys`、`re`、`math`、`datetime`など、標準でいろいろなモジュールが用意されています。これらの使い方を覚えれば、できることの幅が広がります。また、モジュールというものは基本的に、別ファイルのPythonプログラム、またはそれに類するもの（プログラムファイルをコンパイルしたものや圧縮したもの）ですので、モジュールを自分で作るのも簡単です。この章の最後では、いろいろな場所に配置したモジュールの読み込み方法や、別名の付け方について解説しています。

　なお、Pythonのグローバル変数のスコープはファイル内なので、うまくモジュールを分けると、プログラムの独立性が高まってすっきりするというメリットもあります。ある程度長いプログラムが書けるようになったら、モジュール分けについて考えてみるのもよいでしょう。

ここが Key!

基本的な文字列操作（1）

文字列を加工したり、調べたりする方法について見ていきます。文字列のメソッドの紹介が中心になります。

文字列の分割

文字列を分割するには、**split**() メソッドを使います。結果は分割された文字列のリストになります。

```
s = 'りんご,みかん,ぶどう'
slist = s.split(',')
```

split() メソッド
引数で指定した文字などを区切りとして文字列を分割します。

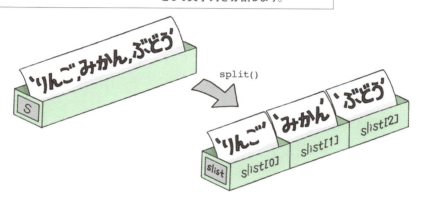

引数を省略すると、スペースが区切り文字になります。また、このとき、複数のスペースは1つとみなされます。

```
s = 'りんご,みかん,ぶどう□レモン□□オレンジ'
for ss in s.split():
    print(ss)
```

実行結果
```
りんご,みかん,ぶどう
レモン
オレンジ
```

第2引数を指定すると、分割の回数を制限できます。

```
s = 'りんご,みかん,ぶどう'
for ss in s.split(',', 1):
    print(ss)
```
回数指定

実行結果
```
りんご
みかん,ぶどう
```

🔓 文字列の結合

`split()` とは逆に、リストを結合した文字列を作成するには、**join()** メソッドを使います。

```
slist = ['りんご','みかん','ぶどう']
s = ','.join(slist)
```

結合の際の区切り文字。`''` も指定できます。

join() メソッド
与えられた引数のリストを結合します。

リストの要素がすべて文字列でないとエラーになります。

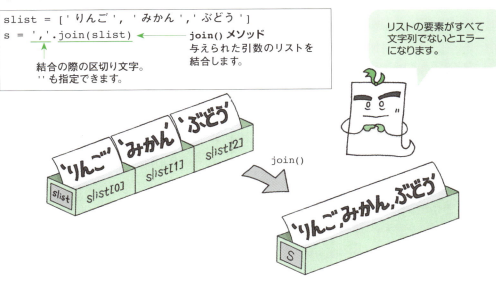

🔓 文字列の置換

文字列の中の特定の文字を置き換えるには **replace()** メソッドを使います。

```
s1 = 'しんぶんし'
s2 = s1.replace('し','は')
```

置換対象の文字列

replace() メソッド
第1引数の文字列を第2引数の文字列で置き換えます。

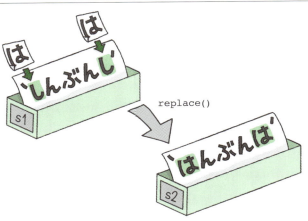

基本的な文字列操作(2)

特定の文字列を検索するメソッドなどを紹介します。

文字列の検索

≫ find() メソッド

文字列の中から特定の文字列の位置を調べたい場合は、**find()** メソッドを使います。

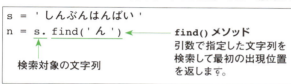

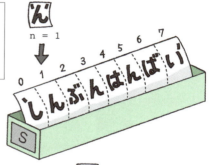

検索の範囲を限定したいときは、第2、第3引数で指定します。

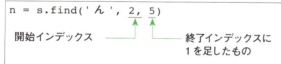

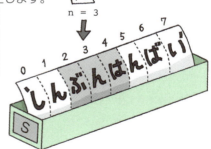

指定した文字列が見つからないときは、-1 が返ります。

```
n = s.find('あ')
```

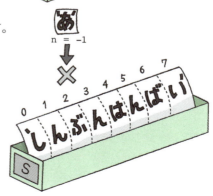

≫ index() メソッド

index() メソッドは、find() とほとんど同じ働きをしますが、文字列が見つからなかったときにエラー（ValueError）になる点が異なります。

```
n = s.index('あ')
```

ValueError

🔓 文字列が含まれているかを調べる

特定の文字列が含まれているかだけを調べたい（位置は知らなくてもよい）ときは、in が使えます。含まれていれば True、含まれていなければ False が返ります。

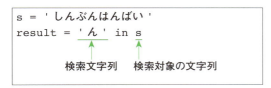

🔓 文字列の個数を調べる

文字列が何個含まれているかを調べるには、count() メソッドを使います。

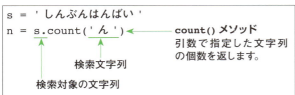

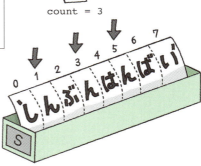

基本的な文字列操作（3）

その他のいろいろな文字列操作について紹介していきます。

文字列を切り詰める

strip() メソッドを使うと、前後の余分な空白（全角スペースやタブも含む）を削除できます。

```
s1 = '    abc    '
s2 = s1.strip()
```

引数を指定すると、空白の代わりに別の文字を削除できます。

```
s1 = ',,,,abc,,,'
s2 = s1.strip(',')
```

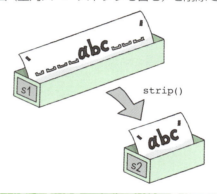

大文字小文字を切り替える

大文字小文字を切り替えるために、次のようなメソッドが用意されています。

メソッド	意味	例	s2 の値 (s1 = 'heLLo worLd' のとき)
upper()	すべて大文字にする	s2 = s1.upper()	HELLO WORLD
lower()	すべて小文字にする	s2 = s1.lower()	hello world
title()	単語の先頭を大文字にする	s2 = s1.title()	Hello World

文字列への変換

いろいろな型の値を文字列に変換するときは、**str()** 関数を使います。

```
str(123)
```
➡ `'123'`

```
str(True)
```
➡ `'True'`

```
str(['a','b','c'])
```
➡ `"['a', 'b', 'c']"`

文字列の長さ

文字列の長さを取得するには、**len()** 関数を使います。

```
s = 'りんご'
l = len(s)
```

len(s) = 3

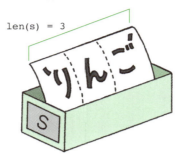

半角も全角も1文字と数えます。

部分文字列を取得する

部分文字列を得るには、インデックスの範囲を指定します。

```
s = 'りんご みかん'
s2 = s[2:6]
```
開始インデックス
終了インデックスに1を足したもの

指定のしかたの例をいくつか挙げてみます。

式	意味	結果（s = 'りんご みかん' のとき）
s[:6]	先頭からインデックス 5（=6-1）まで	'りんご みか'
s[2:]	インデックス =2 から末尾まで	'ご みかん'
s[-2:]	末尾の 2 文字	'かん'
s[2:6:2]	インデックス =2 から 5（=6-1）まで 2 文字おき	'ごみ'
s[:]	文字列全体	'りんご みかん'
s[::-1]	文字列の逆順	'んかみ ごんり'

文字列から 1 文字ずつ取り出す

文字列に対して for ～ in 文を使うことで、1 文字ずつ取り出すことができます。

```
for ss in 'こんにちは':
    print(ss)
```

実行結果
```
こ
ん
に
ち
は
```

基本的な文字列操作（3）

正規表現

正規表現とはどのようなものなのか見ていきましょう。

文字列の表現

たとえば、次のように、本を探し出すことについて考えてみます。

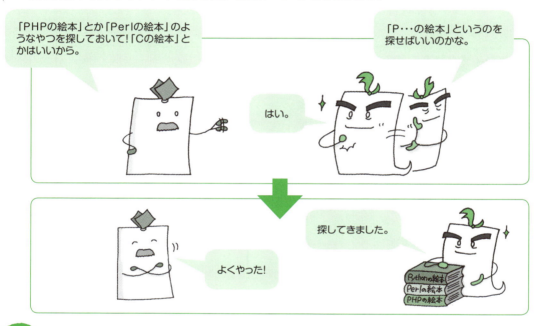

正規表現とは?

正規表現とは、文字列を抽象化して表現する方法です。正規表現を使うと、「PHPの絵本」「Perlの絵本」「Pythonの絵本」といった異なる文字列を、「P〈半角英字〉の絵本」のように1つの形式で表現できます。

正規表現を使ったあいまいな表現のことを**パターン**といいます。

正規表現の作り方

次のような流れで考えていけば、文字列を抽象化できます。

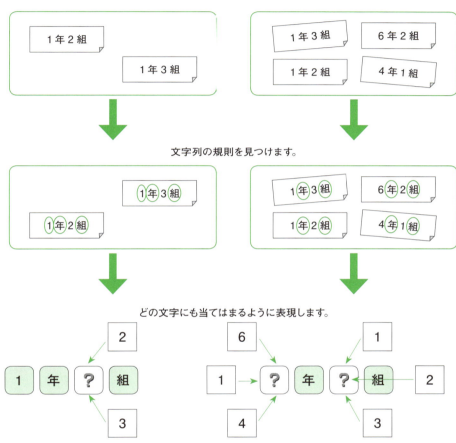

メタ文字（1）

特別な意味を持つ文字を使った正規表現の例を紹介します。

🔓 正規表現の中の文字

正規表現で文字をそのまま書くと、文字そのものを表します。また、正規表現では、**メタ文字**という特殊な意味を持つ文字を使うことができます。

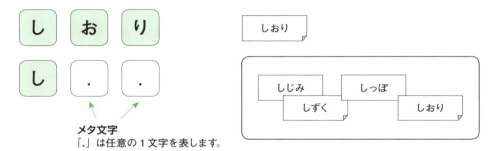

メタ文字
「.」は任意の1文字を表します。

メタ文字には次のようなものがあります。

メタ文字	意味
.	任意の1文字（改行を除く）
*	直前の文字列の0回以上の繰り返し
+	直前の文字列の1回以上の繰り返し
?	直前の文字列の0回または1回の繰り返し
^	行の先頭
$	行の末尾
|	選択

メタ文字	意味
( )	正規表現のグループ
[ ]	文字クラス
{n}	n回の繰り返し
{n,}	n回以上の繰り返し
{n,m}	n回以上m回以下の繰り返し
¥	メタ文字を文字として扱う

🔓 メタ文字「.」「*」「+」「?」「{ }」を使った正規表現

メタ文字の「.」「*」「+」「?」「{ }」を使った正規表現の例を紹介します。

116　第6章／文字列

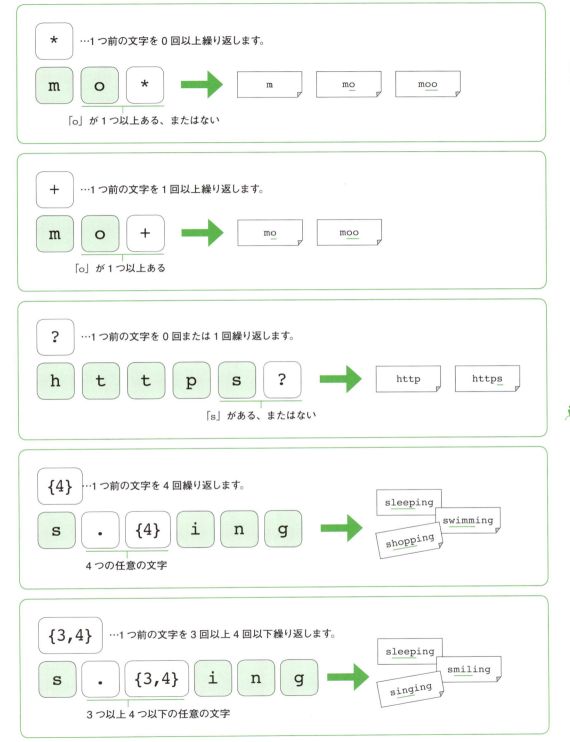

メタ文字（2）

前のページに続き、メタ文字を使った正規表現の例を紹介します。

🔓 メタ文字「^」「$」を使った正規表現

メタ文字の「^」「$」を使った正規表現の例を紹介します。

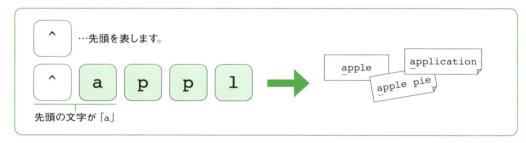

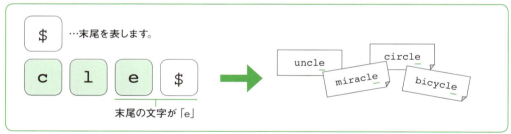

≫ メタ文字を文字として扱う

メタ文字を、ただの文字として使いたい場合には「¥」を使用します。

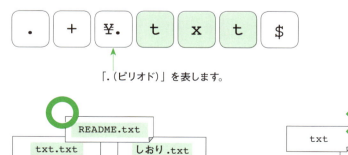

文字クラス

複数の文字を集めたものを文字クラスといいます。文字クラスは [と] で挟んで記述し、挟んだ文字の中のどれか 1 文字を表します。

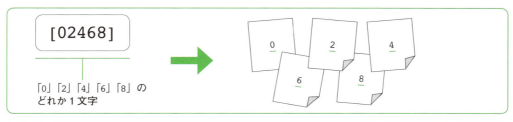

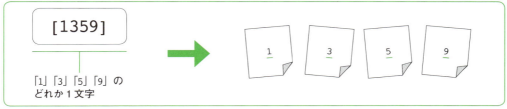

≫ 否定

文字クラスの先頭に「^」を付けると、文字クラスの否定を表します。

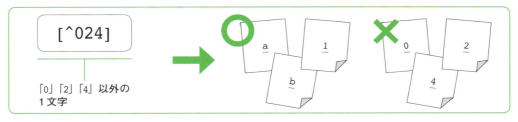

≫ 範囲

連続した文字列は、最初の文字列と最後の文字列を「-」でつなげて記述できます。

≫ グループ化

( ) を使うとパターンをグループ化できます。

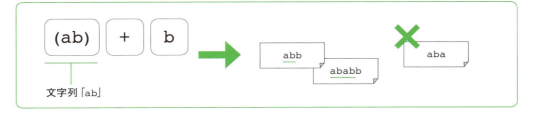

パターンマッチ（1）

正規表現の活用例を見ていきましょう。まず、文字列がパターンにあっているかどうかを判定する方法を学びます。

パターンマッチ

文字列がパターンと一致することを「マッチする」、一致しないことを「マッチしない」といい、マッチするかどうか調べることを**パターンマッチ**といいます。パターンマッチを行うには、**match()** 関数を使います。

```
import re          ← 正規表現を利用するために re モジュールをインポートします。
s = 'Learn Python' ← 評価する文字列
       マッチングオブジェクト
mobj = re.match('Le', s)  ← match() 関数
if mobj:                     第1引数のパターンが第2引数の文字列にマッチすれば、
    print( mobj.group() )    マッチング情報を持つオブジェクトを返します。マッチし
                             ない場合は None を返します。
         group() メソッド
         マッチングオブジェクトからマッチした
         文字列を取り出します。

                              match() の前には
                              「re.」を付けます。
```

なお、**match()** によるマッチングは、文字列の先頭から一致するかを評価します。途中の文字列で一致してもマッチしたとはみなされません。

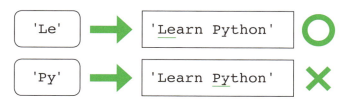

途中からでもマッチさせたいときは、**search()** 関数を使います。使い方は **match()** と同じです。

```
mobj = re.search('Py', s)
```

マッチした文字列だけでなく、マッチングオブジェクトからは範囲も取り出せます。

`mobj.start()`	マッチした文字列の先頭のインデックスを取得する
`mobj.end()`	マッチした文字列の末尾のインデックスに 1 を足したものを取得する
`mobj.span()`	上記インデックスを要素とするタプルを取得する

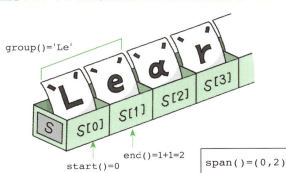

パターンのコンパイル

同じパターンでいろいろな文字列を評価したいときは、パターンをコンパイルした正規表現オブジェクトを作っておくと、マッチングが高速にできます。

```
import re
s = 'Learn Python'
reobj = re.compile('Le')
mobj = reobj.match(s)
if mobj:
    print( mobj.group() )
```

正規表現オブジェクト

compile() 関数
パターンをコンパイルして正規表現オブジェクトを返します。

正規表現オブジェクトの match() メソッドでマッチングを行います。

大文字と小文字の区別

大文字と小文字を区別せずにマッチさせたいときは、次のように書きます。

コンパイルなし
```
mobj = re.match('Le', s, re.IGNORECASE)
```

コンパイルあり
```
reobj = re.compile('Le', re.IGNORECASE)
```

パターンマッチ(2)

match() や search() で取り出せるマッチング文字列は 1 つです。ここでは複数個取り出す方法を紹介します。

最短マッチと最長マッチ

繰り返す回数が決まっていないメタ文字の *、+、?、{n,}、{n,m} を使用した場合、マッチする文字列の中で最も長い文字列がマッチします（**最長マッチ**）。これらのメタ文字の後ろに「?」を付けると、最も短い文字列がマッチするようになります（**最短マッチ**）。

最長マッチ
```
re.match('L.*n', 'Learn Python').group()
```
  'Learn Python'

最短マッチ
```
re.match('L.*?n', 'Learn Python').group()
```
  'Learn'

マッチしたすべての文字列を得る

findall()（ファインドオール）関数を使うと、パターンにマッチした文字列をリストで得ることができます。

```
import re
s = 'Learn Python'
mlist = re.findall('.n', s)
```
← **findall() 関数**
マッチした文字列のリストを返します。
1つもマッチしない場合は空のリストを返します。

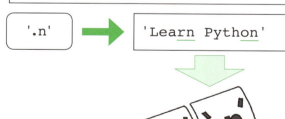

「.n」は任意の1文字+「n」を表します。

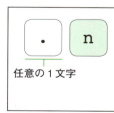

. n

任意の1文字

マッチしたすべての文字列とその位置情報を得る

位置情報も取り出したいときは、**finditer()**（ファインドイテレータ）関数を使います。

例

```
import re
s = 'Learn Python'
miter = re.finditer('.n', s)
for mobj in miter:
    print( mobj.group() )
    print( mobj.span() )
```

finditer() 関数
マッチした文字列のイテレータオブジェクトを返します。

マッチングオブジェクト

イテレータオブジェクト
forなどの繰り返し制御文とともに用いることで、マッチングオブジェクトを取得できます。

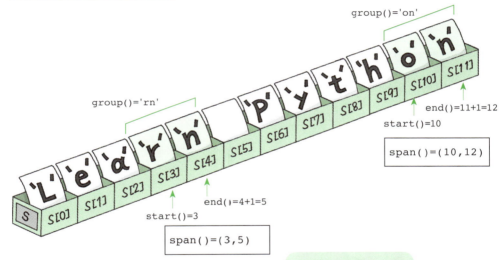

イテレータは日本語では反復子と訳されます。

実行結果
```
rn
(3, 5)
on
(10, 12)
```

正規表現による置換と分割

正規表現を使ってマッチした文字列を別の文字列に置換したり、マッチした文字列で分割する方法を見ていきます。

 正規表現による置換

正規表現で検索した文字列を別の文字列に置換するには、**sub()**（サブ）関数を使います。

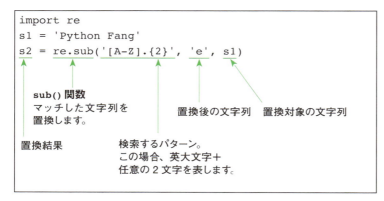

```
import re
s1 = 'Python Fang'
s2 = re.sub('[A-Z].{2}', 'e', s1)
```

- **sub()関数**　マッチした文字列を置換します。
- 置換結果
- 検索するパターン。この場合、英大文字＋任意の2文字を表します。
- 置換後の文字列
- 置換対象の文字列

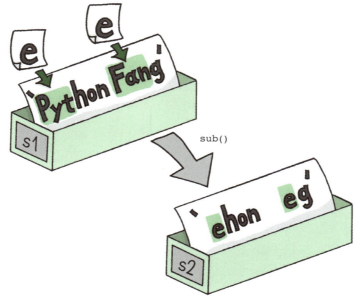

正規表現による分割

正規表現で表される文字列によって文字列を分割するには、**split()** 関数を使います。結果はリストで得られます。

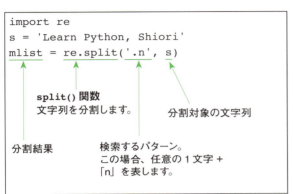

```
import re
s = 'Learn Python, Shiori'
mlist = re.split('.n', s)
```

- mlist → 分割結果
- re.split → split() 関数 文字列を分割します。
- '.n' → 検索するパターン。この場合、任意の1文字 +「n」を表します。
- s → 分割対象の文字列

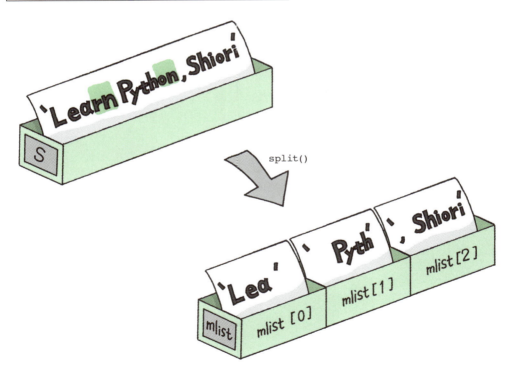

正規表現による置換と分割

モジュール

ほかの Python プログラムファイルを読み込んでみましょう。

モジュールのインポート

これまでたびたび登場してきた `import` はほかの Python スクリプトファイルを読み込む命令です。読み込まれるファイルのことを**モジュール**といいます。

```
import re
s = 'Learn Python, Shiori'
mobj = re.match('Le', s)
```

`re.py` というスクリプトファイルを読み込みます。`import` で指定するモジュール名に「.py」は付けません（`re.py` ファイルは Python のインストールフォルダの、`lib` フォルダの中にあります）。

あらかじめ用意されているいろいろな機能を手軽に利用できます。

モジュールファイルはカレントフォルダや上記の `lib` フォルダに置かれている必要があります。モジュールの探索先のパスを得るには、次のようなコードを書きます。

```
import sys
print(sys.path)
```

`sys.path` はパス文字列のリストを表します。`append()` などでパスを追加することも可能です。

モジュールの作成

モジュールは自分でも作ることができます。スクリプトファイルと同じフォルダに `mymodule.py` というファイルを作って、これをインポートするには次のようにします。

```
import mymodule
mymodule.myFunc()
```

mymodule.py
```
def myFunc():
    print('Hello')
```

モジュール名の大文字小文字の間違いに注意しましょう。

実行結果
```
Hello
```

≫別名を付ける

次のように、as を使ってモジュールに別名を付けることができます。

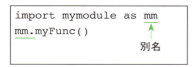

≫関数のインポート

次のように、from を使って特定の関数だけをインポートできます。

≫フォルダ階層の指定

次のようなフォルダ階層とファイルがあるとき、カレントフォルダのソースファイルからのインポートの指定のしかたの例を見てみましょう。

① mod フォルダの mymodule.py

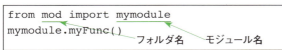

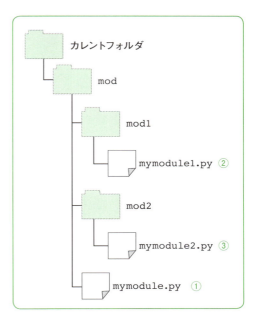

② .¥mod¥mod1 フォルダの mymodule1.py

```
from mod.mod1 import mymodule1
mymodule1.myFunc()
```
ドットでフォルダ階層を指定できます。

③ .¥mod¥mod2 フォルダの mymodule2.py

フォルダとファイル名を指定して別名を付けます。

サンプルプログラム

●**パスワードの形式を調べる**

パスワードの形式を次のように決めて、入力した文字列が形式にあっているかどうかを調べます。

```
パスワードのきまり
・半角英数字と _ （アンダースコア）のみ使用可
・最初の文字は半角アルファベット
・3文字以上8文字以下
```

ソースコード

```python
import re

while True:
    s = input('パスワード＞ ')
    if s == '':
        break
    mobj = re.match('^[a-z][a-z0-9_]{2,7}$', s, re.IGNORECASE)
    if mobj:
        print('パスワードは正しい形式です。')
    else:
        print('パスワードは正しい形式ではありません。')
```

実行結果

```
パスワード＞ Abc45_
パスワードは正しい形式です。
パスワード＞ a              ← 短すぎるケース
パスワードは正しい形式ではありません。
パスワード＞ 98#            ← 無効な文字が含まれるケース
パスワードは正しい形式ではありません。
パスワード＞ white fox      ← 無効な文字が含まれるケース
パスワードは正しい形式ではありません。
パスワード＞ python_no_ehon ← 長すぎるケース
パスワードは正しい形式ではありません。
パスワード＞                ← Enterで終了
```

※ 太字はユーザーが入力した文字

●**文字列の中から数値を抽出する**

ある文字列の中から数値を検索し、見つかった場合には、その数値と見つけた数値の個数を表示します。

ソースコード

```
import re

s = '20 + 30 = 50'
print('検索データ：', s)

mlist = re.findall('\d+', s)
for s in mlist:
    print(s)
n = len(mlist)

if n > 0:
    print('数値は ', n, ' 個ありました。')
else:
    print('数値はありませんでした。')
```

実行結果

```
検索データ：20 + 30 = 50
20
30
50
数値は 3 個ありました。
```

COLUMN

～パッケージ～

　モジュールの項で、フォルダが階層構造になっていても、その中のファイルをインポートできることを解説しました。しかし、個別にファイルをインポートしていくのはすこし面倒ですね。じつはPythonでは、「__init__.py」というファイルを用意することで、フォルダの中のファイルを丸ごと読み取れるようになっています。このまとめて読み込めるようにしたフォルダのことを**パッケージ**といいます。

　たとえば、modフォルダの中に、「mod1.py」と「mod2.py」という2つのファイルがあるとき、modをパッケージにするには、「__init__.py」を右図の位置に配置します（ファイル名のアンダースコアは前後2つずつです）。

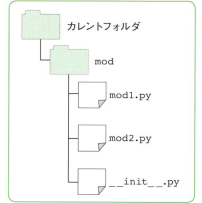

　「__init__.py」の中には、次のように「mod1.py」と「mod2.py」をインポートする命令を書きます（「.」はカレントフォルダを表します）。

__init__.py

```
from . import mod1
from . import mod2
```

　そして、カレントフォルダにあるソースファイルでは、次のようにフォルダ名を指定してimport文を記述します。

```
import mod
```

　これを実行すると、自動的に「__init__.py」が実行されて、「mod1.py」と「mod2.py」がインポートされ、これらのファイルの中の関数や変数を利用できるようになります。

　もしフォルダ階層が深くなったとしても、各フォルダに「__init__.py」を配置し、下位のフォルダやファイルをインポートするようにしておけば、再帰的にすべてのモジュールをインポートできるようになります。

7

ファイルと例外処理

ファイルを扱う手順

　この章では、テキストファイルを扱う方法を学びます。ファイルを扱うには手順があり、まずファイルを開き、次にファイルを読み書きし、最後にファイルを閉じます。ファイルを扱うときには、ファイルそのものではなく、ファイルを開いたときに得られる**ストリームオブジェクト**というものを使います。ストリームというのは「流れ」という意味で、この場合はデータの流れを表しています。

　なお、デフォルトではOS標準の文字エンコーディング（WindowsならShift-JIS形式）で読み書きを行いますが、エンコーディングを指定して読み書きすることも可能です。

　ファイルが扱えれば、テキストファイルの内容を読み込んで加工したものを出力するプログラムも作れます。また、作業の成果を保存したり、設定を読み込んだりもできるようになります。ぜひファイルの読み書きにチャレンジしてみてください。

トラブル対策も忘れずに

　プログラムにはエラーが付き物です。たとえば、数を 0 で割る、リストの範囲外の要素を参照しようとするといったことが考えられます。特にファイルを扱うときは、外部要因がたくさんあるため、予期せぬエラーが起きやすくなります。ひとたびエラーが起こると、プログラムは停止してしまいます。

　そこで、プログラマは、このようなことが起きないように、あらかじめ対策を用意する必要があります。プログラム実行時に起こるエラーのことを**例外**、あらかじめ用意するエラー対策のことを**例外処理**といいます。例外処理を適切に行っておけば、プログラムが異常終了することを回避できます。

　より多くの人に使ってもらうプログラムを書くときには、きちんと例外処理を入れておくとよいでしょう。

ファイルオブジェクト

ファイル処理の基本と読み書きに使われるファイルオブジェクトについて見ていきましょう。

🔓 ファイル

プログラム上ではファイルは大きくテキストファイル（ソースプログラムなど）とバイナリファイル（画像や音声ファイルなど）の2つに分かれています。

この章ではテキストファイルについて説明します。

🔓 ファイル処理の基本

ファイルを扱うときの手順は次のようになります。

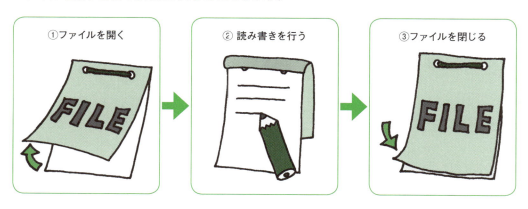

ファイルを扱うときは、ファイルそのものではなく、ストリームオブジェクトというものとファイルを紐付て、そのオブジェクトを通してデータをやりとりします。

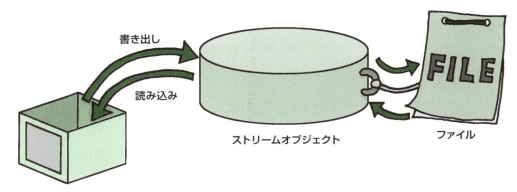

≫ファイルを開く

「ファイルを開く」というのは、上で示した紐付けを行うことになります。ファイルを開くには、**open()** 関数を使います。

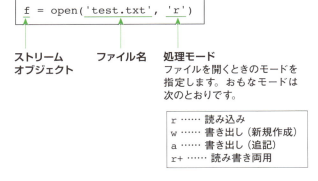

ファイル名でパスを指定しないとカレントディレクトリを参照します。

≫ファイルを閉じる

ファイルを閉じるには、処理モードにかかわらず、**close()** メソッドを使います。これで紐付けが解消されます。

```
f.close()
```

ファイルオブジェクト

ファイルの読み込み

前ページの基本を踏まえて、テキストファイルを読み込んでみましょう。

🔓 1 行ずつ読み込む

最も基本的な読み込み方法は、テキストファイルから 1 行ずつ順に読み込んでいくというものでしょう。そのためには、次のようなコードを記述します。

🔓 いろいろな読み込み

その他の読み込み方についても紹介しましょう。

≫ 1 行だけ読み込む

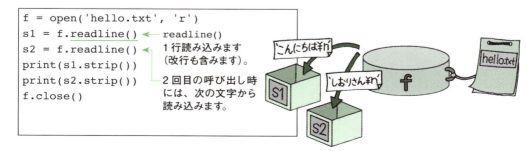

≫ 指定文字数だけ読み込む

```
f = open('hello.txt', 'r')
print( f.read(3) )      read()
f.close()               引数を指定すると、
                        その文字数ぶん読
                        み込みます。
```

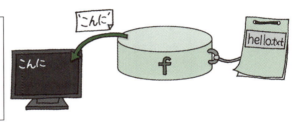

≫ 一度に全部読み込む

```
f = open('hello.txt', 'r')
print( f.read() )       read()
f.close()               引数を指定しない
                        と、ファイル全体
                        を読み込みます。
```

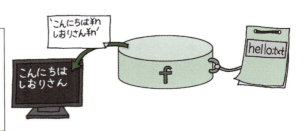

≫ リストに読み込む

```
f = open('hello.txt', 'r')
l = f.readlines()       readlines()
print( l[0].strip() )   ファイル全体を
f.close()               リストに読み込
                        みます。
```

list()関数を使って次のようにも書けます。

```
f = open('hello.txt', 'r')
l = list(f)             list()関数で
print( l[0].strip() )   リストに展開し
f.close()               て読み込みます。
```

> read()、readline()、readlines()
> は、第1章の標準入出力のところでも出
> てきましたね。

ファイルへの書き出し

テキストファイルに文字を書き出してみましょう。ファイルの関連するトピックスについても紹介します。

🔓 文字列の書き出し

ファイルに文字列を書き出すには、次のようにします。

```
f = open('bye.txt', 'w')
n = f.write('さようなら ¥n しおりさん ¥n')
f.close()
```

'w' は新規にファイルを作成します。既存のファイルに追記したい場合は、'a' を指定します。

write()
文字列をファイルに書き出して、書き出した文字数を返します。

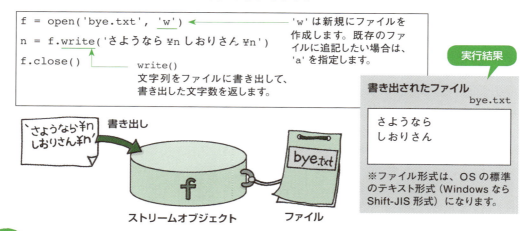

実行結果

書き出されたファイル bye.txt

```
さようなら
しおりさん
```

※ファイル形式は、OS の標準のテキスト形式（Windows なら Shift-JIS 形式）になります。

🔓 with を使った書き方

ファイルの読み書きでは最後に close() メソッドを呼び出す必要がありますが、オブジェクトの後始末を自動的に行ってくれる **with**（ウィズ）を使って次のように書くことで、close() を省略することができます。

読み込み

```
f = open('f1.txt','r')
for r in f:
    print( r.strip() )
f.close()
```

書き出し

```
f = open('f2.txt','w')
f.write('File2')
f.close()
```

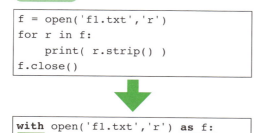

```
with open('f1.txt','r') as f:
    for r in f:
        print( r.strip() )
```

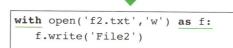

```
with open('f2.txt','w') as f:
    f.write('File2')
```

文字エンコーディングの指定

文字エンコーディングを変更したいときは、**codecs**(コーデックス) クラスを利用します。

≫ファイルの読み込み

`codecs` モジュールの `open()` 関数を呼び出します。第3引数にエンコーディングを表す文字列を指定します。

```
import codecs          ← codecs モジュールを
                         インポートします。
f = codecs.open('hello8.txt', 'r', 'utf8')
for r in f:
    print( r.strip() )
f.close()
```

読み込むファイル hello8.txt
```
こんにちは
しおりさん
```
※UTF-8 形式

実行結果
```
こんにちは
しおりさん
```

ファイルを読むところは、これまでと同じです。

≫ファイルの書き出し

読み込みと同様に `codecs` モジュールの `open()` 関数を呼び出します。なお、書き出した文字数を得ることはできません。

```
import codecs

f = codecs.open('bye8.txt', 'w', 'utf8')
f.write(' さようなら ¥n しおりさん ¥n')
f.close()
```

実行結果

書き出されたファイル bye8.txt
```
さようなら
しおりさん
```
※UTF-8 形式

例外処理

ファイルを扱うときには何かとエラーが起きやすいものです。エラーが起きてしまったときに対処する方法について見ていきます。

例外と例外処理

例外（**Exception**（エクセプション））とは、プログラムを実行したときに起こるエラーのことです。たとえば、数値を 0 で割ったり、リストの範囲外を利用したりすると例外になります。このような例外に対応することを**例外処理**といいます。

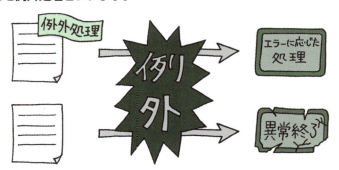

例外処理の方法

» try、except、else

例外が起こりそうな処理を行う場合には、try、except、else を使って次のように記述します。

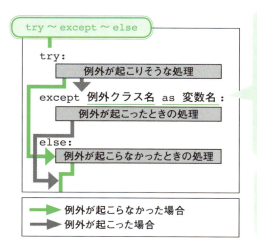

例外クラス名
キャッチする例外の種類を指定します。例外クラス名は、エラーが起こったときに表示されています。
例）数を 0 で割ったとき
　　→ ZeroDivisionError
例外の種類がわからないときは、「Exception」を指定します。

変数名
例外情報を受け取るクラスを指定します。不要な場合は、「as 変数名」の部分は省略できます。

すべての例外をキャッチして、例外情報が必要ないときは、「except:」と記述するだけで構いません。

例外を発生させる

意図的に例外を発生させて、任意のタイミングで例外処理を実行することもできます。例外を発生させるには、**raise** を使います。

```
try:
    :            raise
                 例外を発生させます。    例外情報を列挙して指定します
                                     （いくつでも指定できます）。
    raise Exception('例外', 'エラー')
    :
except Exception as e:
    a1, a2 = e.args      argsはタプルになります。
    print('a1 =', a1, 'a2 =', a2)
```

実行結果
```
a1 = 例外 a2 = エラー
```

例
```
try:
    f = open('foo.txt','r')
    for r in f:
        print( r.strip() )
    f.close()
except FileNotFoundError:
    print('ファイルが見つかりません')
except Exception as e:
    print(e.args)
```

実行結果（foo.txtを用意しなかったとき）
```
ファイルが見つかりません
```

サンプルプログラム

● **ファイル中の文字列の置換**

dog.txt というテキストファイルに含まれる「dog」という文字列をすべて「rabbit」に置換し、rabbit.txt という名前で保存します。

ソースコード

```python
file1 = "dog.txt";
file2 = "rabbit.txt";

str1 = "dog";
str2 = "rabbit";
print('検索する文字列：', str1)
print('置換後の文字列：', str2)

with open(file1, 'r') as f1:
    with open(file2, 'w') as f2:
        n = 0
        for r1 in f1:
            n += r1.count(str1)
            r2 = r1.replace(str1, str2)
            f2.write(r2)

print(n, '個の文字列を置換しました')
```

dog.txt の内容

```
The quick brown fox jumps over the lazy dog.
I like cat and dog.
```

実行結果

```
検索する文字列：dog
置換後の文字列：rabbit
2 個の文字列を置換しました
```

rabbit.txt の内容

```
The quick brown fox jumps over the lazy rabbit.
I like cat and rabbit.
```

●タイムカード

コマンドライン引数（次ページ参照）によって、テキストファイルに現在時刻（付録参照）で出勤／退勤時刻を登録します。コマンドライン引数を指定しないと登録内容を表示します。

ソースコード

```python
from datetime import datetime as dt
import sys

fn = "times.txt"    ← 登録ファイル名

def appendTime(gowork):    ← gowork が True なら出勤、False なら退勤を記録します。
    now = dt.now() # 現在時刻を取得
    mode = '出勤' if gowork else '退勤'
    s = '{} {}/{:2}/{:2} {:02}:{:02}'.format(mode,
        now.year, now.month, now.day, now.hour, now.minute)
    print(s)
    with open(fn, 'a') as fs:
        fs.write(s + '\n');  # 時刻データをファイルに書き込む

def listTime():    ← ファイルの内容を表示します。
    try:    ← 一度も記録していないときなどに、エラーになるのを回避します。
        with open(fn, 'r') as fs:
            for r in fs:
                print(r, end='')    ← r には改行が含まれているので、改行しないようにします。
    except:
        print('ファイルが読み込めません')

if len(sys.argv) > 1 and sys.argv[1] == 'i':
    appendTime(True)
elif len(sys.argv) > 1 and sys.argv[1] == 'o':
    appendTime(False)
else:
    listTime();
```

実行結果

```
PS >python .\sample7.py i
出勤 2018/ 1/26 12:28
PS >python .\sample7.py o
退勤 2018/ 1/26 12:29
PS >python .\sample7.py
出勤 2018/ 1/26 12:28
退勤 2018/ 1/26 12:29
```

コマンドライン引数

※ 太字はユーザーが入力した文字

サンプルプログラム 143

COLUMN

～コマンドライン引数～

本書の「はじめる前に」でPythonプログラムの実行方法について紹介しました。たとえば、world.pyというプログラムファイルを実行するのであれば、PowerShellなどで「python world.py」のように入力して［Enter］キーを押します。ここで補助的な情報をプログラムに渡したいときは、このあとに続けて引数を指定できます。たとえば次のような感じです。

```
PS > python world.py abc 123
```

このようにして渡したabcや123のことを**コマンドライン引数**といいます。

プログラム側でコマンドライン引数を受け取るのは簡単です。標準のsysモジュールのargvがコマンドライン引数のリストになっており、それを参照するだけです。ただし、リストの最初の要素はファイル名（ここではworld.py）になっているので、注意が必要です。

たとえば、world.pyの中味が次のようだったとします。

```
import sys
print(sys.argv)
```

このコードの実行結果は次のようになります。

```
['world.py', 'abc', '123']
```

例として、コマンドライン引数に渡した数字の合計を計算するプログラムは次のようになります。

例　sum.py

```
import sys
f = ""
sum = 0
for s in sys.argv:
    try:
        n = int(s)
        f += s + '+'
        sum += n
    except ValueError:
        try:
            n = float(s)
            f += s + '+'
            sum += n
        except:
            pass
print(f.strip('+'), '=', sum)
```

int()関数
引数の文字列を整数に変換します。変換できないときは`ValueError`になります。

float()関数
引数の文字列を実数に変換します。変換できないときは`ValueError`になります。

実行結果

```
PS > python sum.py 123 45.6 890 46.7
123+45.6+890+46.7 = 1105.3
```

※太字は入力した文字列

8

クラスと
オブジェクト

Pythonのオブジェクト指向

　これまで**オブジェクト**という言葉は何度も出てきましたが、この章できちんと学習しておきましょう。プログラミングの方法として、「関連するデータと処理をまとめて扱う」という考え方があります。このひとまとめにした「部品（モノ＝オブジェクト）」を自由に組み合わせ、必要であれば再利用することで、より複雑なプログラムを組み立てていけるのです。このように部品ごとにプログラムを作り上げていく考え方を**オブジェクト指向**といいます。Pythonもオブジェクト指向に対応した言語のひとつです。

　オブジェクトを作るには、まずその設計図となるものを作ります。これを**クラス**といいます。「データ」のことを**フィールド**、「処理」のことを**メソッド**といいますが、それぞれ変数、関数とほとんど同じものです。ただし、メソッドを定義する際の最初の引数は、オブジェクト自身を表す`self`にする必要があるなど、すこし変わったところもあります。その他の引数は関数と同じように対応するので、メソッドの定義は呼び出し側よりも1つ引数が多いということになります。

　メソッドには、オブジェクトの生成と同時に呼び出される**コンストラクタ**というものもあります。名前はクラスの種類に関わらず「__init__」（アンダースコアは2つずつ）です。Pythonでは先頭が「__」で始まるフィールドやメソッドは、オブジェクトの外からは参照できないというルールがあります。

オブジェクト指向の特徴をつかもう

　オブジェクト指向の大きな特徴として**継承**があります。これはオブジェクトの設計図であるクラスを引き継いで新しいクラスを作れる機能です。継承先（**サブクラス**）では親クラス（**スーパークラス**）のフィールドやメソッドをそのまま利用できます。また、メソッドを上書きする**オーバーライド**という機能もあります。

　この章では、その他のオブジェクト指向の話題として、**プロパティ**、**クラスメソッド**、**クラス変数**について解説しています。どれもオブジェクト指向言語ではよく登場する用語ですが、Java などの本格的なオブジェクト指向言語と比べると、書き方や考え方がすこし独特だったりします。しかし、これは慣れてしまえばそれほど気になるところではないでしょう。

　スクリプト言語である Python では自分でクラスを設計する機会はあまりないかもしれませんが、オブジェクトについて理解していれば、数多くの Python のパッケージを利用するときなどにきっと役に立つと思います。

クラスの考え方

いままでたびたびオブジェクトという言葉は登場してきましたが、オブジェクトとその設計図であるクラスについて見ていきます。

🔓 クラスとは

データと処理をひとまとめにしたものを**クラス**といいます。データのことを**フィールド**、処理のことを**メソッド**といいます。フィールドやメソッドのことを、クラスのメンバといいます。

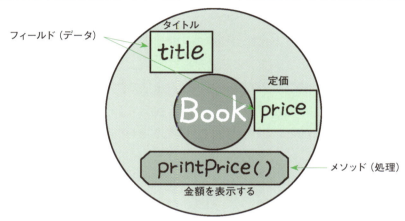

🔓 クラスの定義

上の Book クラスを Python で記述すると、次のようになります。クラスを記述することを、「クラスを定義する」といいます。

```
class Book:
    title = '絵本'
    price = 1680
    def printPrice(self, num):
        print( self.title+ ':', num, '冊で', self.price * num, '円' )
```

- クラス名：この後にクラスの内容を記述します。
- フィールド
- メソッドの第1引数は self にします。
- メソッド

フィールドは変数、メソッドは関数のようなものです。

🔓 オブジェクト

クラスは変数に対する型のようなもので、それ自体に値を格納できるわけではありません。そこでクラスをもとに、値を格納できる変数のようなものを作ります。
これを、**オブジェクト**といいます。

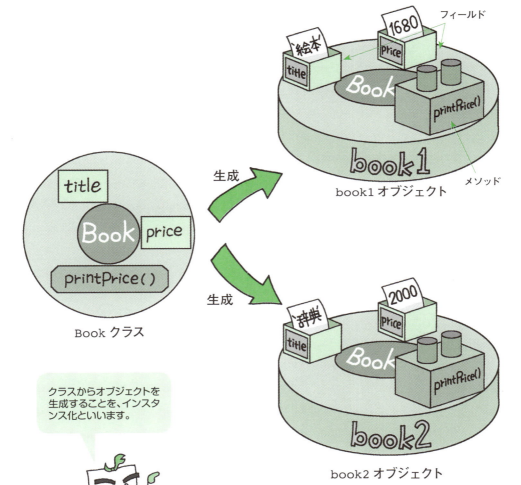

クラスからオブジェクトを生成することを、インスタンス化といいます。

各オブジェクトのフィールドに、異なるデータを与えることができます。

オブジェクトの生成

クラスからオブジェクトを生成する方法を見ていきます。

オブジェクトの作り方

Book クラスから book1 という名前のオブジェクトを生成して、利用する方法を見ていきましょう。

```
class Book:
    title = '絵本'
    price = 1680
    def printPrice(self, num):
        print( self.title+ ':', num, '冊で', self.price * num, '円' )

book1 = Book()
book1.printPrice(2)
```

- `self` : 自分自身のオブジェクトを表します。
- フィールドを参照するときは、「self.」を先頭につけます。
- クラスの定義
- オブジェクト名: `book1`
- クラス名: `Book()`
- `()` が必要です
- メソッドの呼び出し: `book1.printPrice(2)`

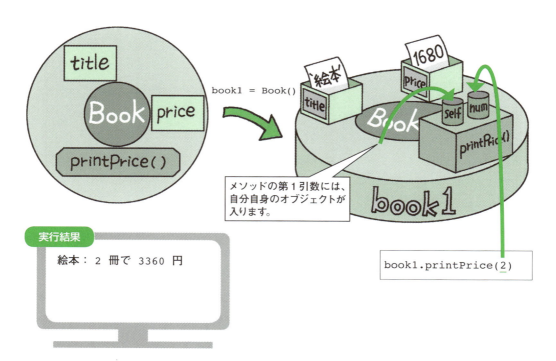

メソッドの第1引数には、自分自身のオブジェクトが入ります。

実行結果

```
絵本：2 冊で 3360 円
```

コンストラクタ

オブジェクトには、オブジェクトの生成時に自動的に呼び出される特殊なメソッドを定義できます。このメソッドのことを**コンストラクタ**といいます。コンストラクタはフィールドの初期化などに使われます。

```
class Book:
    def __init__(self, t, p):
        self.title = t
        self.price = p

    def printPrice(self, num):
        print( self.title+ ':', num, '冊で', self.price * num, '円')

book1 = Book('絵本', 1680)
book1.printPrice(2)
```

コンストラクタ
メソッド名は必ず
「__init__」にします。

コンストラクタの中で値を代入することでフィールドを定義できます。

コンストラクタに値を渡すことができます。

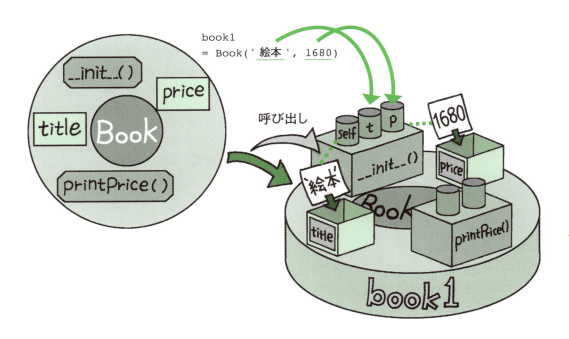

オブジェクトの生成

クラスの継承

クラスの継承の考え方と記述方法について理解しましょう。

クラスの継承とは

クラスには、ほかのクラスのメンバを受け継ぐ機能があります。これを**クラスの継承**といいます。継承する元となるクラスをスーパークラス（親クラス）、継承して作ったクラスをサブクラス（子クラス）といいます。

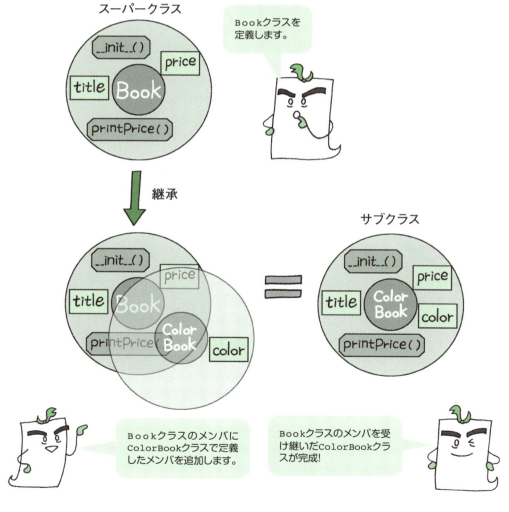

継承の定義

継承したクラスを作るには、次のように記述します。

```
class Book:                                          スーパークラスの定義
    def __init__(self, t, p):
        self.title = t
        self.price = p
    def printPrice(self, num):
        print( self.title+ ':', num, '冊で', self.price * num, '円' )

class ColorBook(Book):              ┐
    color = '紫'    ← スーパークラスを  │ サブクラスの定義
                    指定します。        ┘
book2 = ColorBook('絵本', 1680)
  ↑
サブクラスのオブジェクト
```

サブクラスをさらに継承して、サブクラスを作ることもできます。

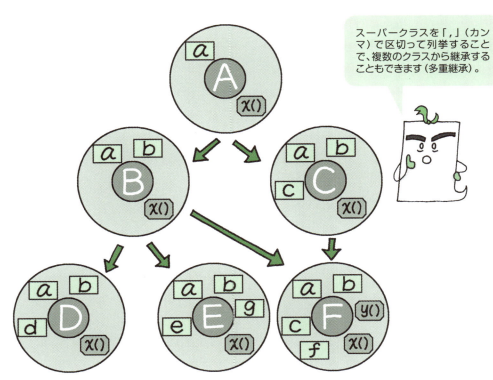

スーパークラスを「,」（カンマ）で区切って列挙することで、複数のクラスから継承することもできます（多重継承）。

クラスの継承　153

オーバーライド

スーパークラスのメソッドは、サブクラスで処理を上書きすることができます。

オーバーライドとは

オーバーライドとは、継承したメソッドと同じ名前のメソッドを記述して、メソッドを上書きすることです。

```
class Book:                                         スーパークラスの定義
    def __init__(self, t, p):
        self.title = t
        self.price = p
    def printPrice(self, num):
        print( self.title+ ' : ', num, '冊で', self.price * num, '円' )

class ColorBook(Book):                              サブクラスの定義
    color = '紫'
    def printPrice(self, num):          ── オーバーライドしたメソッド
        print( self.title+ ' : ', num, '冊で', self.price * num, '円' )
        print( self.color )

book2 = ColorBook('絵本', 1680)
book2.printPrice(2)
```

実行結果

```
絵本 : 2 冊で 3360 円
紫
```

オーバーライドしたメソッドが呼び出されます。

スーパークラスのメソッドの参照

右のコードではサブクラスでもスーパークラスと同じコードを書いており、効率が良くありません。このようなときは、`super()`でスーパークラスのメンバを参照します。左のオーバーライドメソッドの定義は次のように書けます。

```
def printPrice(self, num):
    super().printPrice(num)   ← スーパークラスのメソッドの呼び出し
    print( self.color )
```

オーバーロードについて

オブジェクト指向におけるオーバーライドに似た言葉として、オーバーロードというものがあります。これは同じ名前で異なる引数のメソッドを定義することですが、Pythonにはオーバーロードという考え方はありません。

```
def printPrice(self, num):     ┐ このメソッドは下のメソッドで上書きされるため、
    ...                        │ 利用できなくなります。
def printPrice(self):          ┘
    ...
```

オーバーロードは継承とは関係ありません。

プロパティ（1）

Pythonのフィールドはどこからでも参照したり代入できたりしますが、プロパティを使えばこれらを管理できます。

プロパティとは

オブジェクト内にあるフィールドの値を取得、設定、削除するメソッドを考えてみましょう。これらの機能を持った変数のようなものをプロパティといいます。

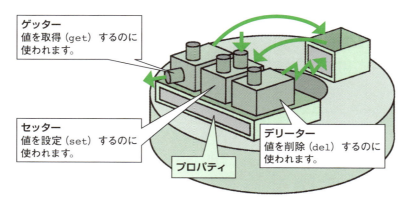

ゲッター
値を取得（get）するのに使われます。

セッター
値を設定（set）するのに使われます。

プロパティ

デリーター
値を削除（del）するのに使われます。

≫ 変数の隠蔽

Pythonのフィールドはオブジェクトの外からでも参照や代入ができてしまいます。プロパティで扱う値は外部から直接アクセスできないほうが都合がよいでしょう。そのようなときは、変数名の先頭に「__」を付けます。

```
class Book:
    price = 1680
book1 = Book()
book1.price = 2000
```

```
class Book:
    __price = 1680
book1 = Book()
book1.__price = 2000
```

実際は、__を付けることで、フィールド名がアクセスしづらい名前に変換されています。

プロパティの定義

プロパティの定義方法には 2 通りありますが、まずは `property()` 関数を使う方法を紹介します。

```
class Book:
    def __init__(self, t, p):
        self.title = t
        self.__price = p          ← 先頭に「__」を付けて隠蔽します。

    def getPrice(self):           ┐
        return self.__price       ┘ ゲッターメソッド

    def setPrice(self, p):        ┐
        self.__price = p          ┘ セッターメソッド

    def delPrice(self):           ┐
        self.__price = 0          ┘ デリーターメソッド
              ┌── プロパティ名
    price = property(fget=getPrice, fset=setPrice, fdel=delPrice,
            doc='価格プロパティ')
                                  property() 関数
            プロパティの docstring    プロパティを作成します。
                                  引数をすべて定義する必要はありません。
                                  たとえば、fget だけ定義すると読み取り専用の
                                  プロパティを作ることができます。
book1 = Book('絵本', 1680)
book1.price = 2000         ← プロパティの設定 = セッターメソッドの呼び出し
print( book1.price )       ← プロパティの参照 = ゲッターメソッドの呼び出し
del(book1.price)           ← プロパティの削除 = デリーターメソッドの呼び出し
```

ゲッター、セッター、デリーターの各メソッドでどのような処理を行うかは自由です。

プロパティ(1) 157

プロパティ(2)

デコレータを使った定義方法を紹介します。

 デコレータを使ったプロパティの定義

Pythonには、**デコレータ**という、@で始まる特別な機能を持ったキーワードがあります。デコレータを使ってプロパティを定義してみましょう。

```
class Book:
    def __init__(self, t, p):
        self.title = t
        self.__price = p

    @property                    ← プロパティの宣言とゲッターメソッドの定義
    def price(self):
        return self.__price       } ゲッターメソッド

    @price.setter                ← セッターメソッドの定義（プロパティ名.setter）
    def price(self, p):
        self.__price = p          } セッターメソッド

    @price.deleter               ← デリーターメソッドの定義（プロパティ名.deleter）
    def price(self):
        self.__price = 0          } デリーターメソッド

  プロパティ名
book1 = Book('絵本', 1680)
book1.price = 2000
print( book1.price )
del(book1.price)
```

デコレータを使った書き方では、ゲッターを省略することができません。

例

```python
class Student:
    def __init__(self, n):
        self.__name = n
        self.__score = 0

    @property
    def name(self):          # name は読み取り専用のプロパティです。
        return self.__name

    @property
    def score(self):
        return self.__score

    @score.setter
    def score(self, score):
        if 0 <= score <= 100:    # 0～100 の点数でなければ
            self.__score = score  # エラーメッセージを表示します。
            print(self.__name, '=', self.__score)
        else:
            print('0 から 100 までの値を設定してください。')

students = [None]*3          # 空の 3 個分のリストを用意します。
students[0] = Student('Alan')
students[1] = Student('Becky')
students[2] = Student('Carl')
students[0].score = 78
students[1].score = 460
students[1].score = 46
students[2].score = 98
for st in students:
    print(st.name, ' さんは ', st.score, ' 点です ')
```

実行結果

```
Alan = 78
0 から 100 までの値を設定してください。
Becky = 46
Carl = 98
Alan さんは 78 点です
Becky さんは 46 点です
Carl さんは 98 点です
```

クラスメソッド

クラスメソッドとクラス変数について見ていきます。

🔓 クラスメソッドとは

同じクラスから作られたオブジェクトであっても、フィールドには異なる値を代入できることをこの章のはじめで紹介しました。**クラスメソッド**はオブジェクトによらず、同じクラスであれば同じ動きをするメソッドのことです。

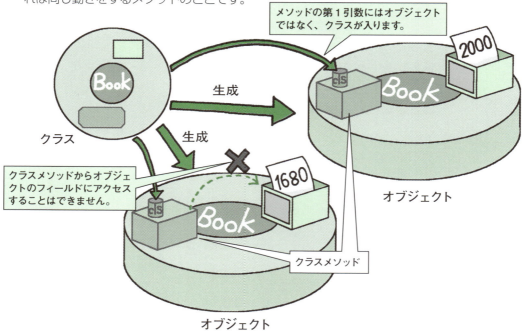

クラスメソッドを定義するには、`@classmethod` デコレータを使います。

```
class Book:
    ...                    自分自身のクラスを表します。
    @classmethod                ↓
    def printMaxNum(cls):
        print(20)          オブジェクトに依存しない処理を書きます。

Book.printMaxNum()    ←  「クラス名.クラスメソッド名」の形式で呼び出します。
```

クラス変数

この章の冒頭で紹介したコードをもう一度見てみましょう。オブジェクト生成後、フィールドに値を入れると、図のような状態になります。

```
class Book:
    title = '絵本'
    price = 1680
    def printPrice(self, num):
        print( self.title+ ' : ', num, '冊で', self.price * num, '円' )

book1 = Book()
book1.title = '辞典'
book1.price = 2000
book1.printPrice(2)
```

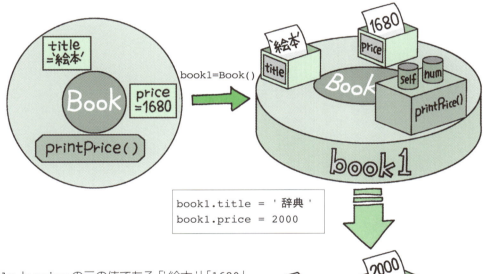

title と price の元の値である「絵本」「1680」は代入によって上書きされてしまいますが、次のようにすれば参照できます。

```
print(Book.title)
print(Book.price)
```
「クラス名.変数名」の形式で呼び出します。

このようにオブジェクトに依存しない変数のことを**クラス変数**といいます。

サンプルプログラム

●フルーツクラス

フルーツを表す Fruit クラスと、それを継承した Apple クラス、Orange クラスを作って、簡単な動作テストをしてみます。

ソースコード

```python
#Fruit クラス
class Fruit():
    taste = 'おいしい！'
    def __init__(self):
        self.name = '果物'
        self.weight = 0
        self.color = '?'

    def printData(self):
        print('{}：色={} 重さ={}g'.format(self.name, self.color, self.weight))

#Apple クラス
class Apple(Fruit):
    def __init__(self, name, weight, color):
        self.name = name
        self.weight = weight
        self.color = color

    @classmethod
    def printTaste(cls):
        print('あまくて' + cls.taste)

#Orange クラス
class Orange(Fruit):
    def __init__(self, weight):
        self.name = 'オレンジ'
        self.weight = weight
        self.color = 'オレンジ色'

    @classmethod
    def printTaste(cls):
        print('すっぱくて' + cls.taste)
```

味を表示する printTaste() メソッドの表示内容はクラス共通なので、クラスメソッドにしています。

```
fruit = Fruit()
fruit.printData()

red_apple = Apple(name='赤リンゴ', weight=280, color='赤')
red_apple.printData()
Apple.printTaste()

green_apple = Apple(name='青リンゴ', weight=250, color='緑')
green_apple.printData()
Apple.printTaste()

orange = Orange(160)
orange.printData()
Orange.printTaste()
```

実行結果

```
果物：色=? 重さ=0g
赤リンゴ：色=赤 重さ=280g
あまくておいしい！
青リンゴ：色=緑 重さ=250g
あまくておいしい！
オレンジ：色=オレンジ色 重さ=160g
すっぱくておいしい！
```

COLUMN

～特殊なメソッド～

　クラスではコンストラクタとして「__init__」というメソッドが登場しましたが、これ以外にもアンダーバー2つで始まり、アンダーバー2つで終わる特殊なメソッドは存在します。
　ここで文字列を比較する単純なプログラムをみてみましょう。s1とs2の値は異なるので、結果は当然Falseになります。

```
s1 = 'あいう'
s2 = 'あい'
print( s1 == s2 )
```

　じつは、この比較演算子は、内部的には「__eq__」というメソッドで処理されています。最後の行は次のように変えても同じ意味になります。

```
print( s1.__eq__(s2) )
```

　このように演算子に対応するメソッドはほかにも存在します。演算子以外でも「str()」や「len()」は内部的にはそれぞれ、「__str__()」と「__len__()」と表されます。

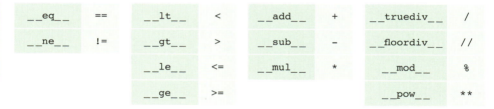

__eq__	==	__lt__	<	__add__	+	__truediv__	/
__ne__	!=	__gt__	>	__sub__	-	__floordiv__	//
		__le__	<=	__mul__	*	__mod__	%
		__ge__	>=			__pow__	**

　逆に、独自のクラスを定義するとき、「__eq__」などのメソッドをオーバライドすることで、演算子に独自の機能を持たせることができます。次の例では「ms1 == ms2」を実行すると、__eq__()メソッドが呼び出されて、文字列の中身を比較します。表示結果はTrueになります。

```
class MyString():
    def __init__(self, text):
        self.text = text
    def __eq__(self, other):
        return self.text == other.text

ms1 = MyString('あいう')
ms2 = MyString('あいう')
print( ms1 == ms2 )
```

　もし、__eq__()メソッドがなかったとすると、「==」はオブジェクトの比較とみなされます。ms1とms2は別のオブジェクトであるため、表示結果はFalseになります。

数学に関する関数

算数レベルの計算は第2章で学んだ演算子で十分ですが、平方根などの数学レベルの計算には、math モジュールの数学関数を使います。

数学処理を行う関数

おもな数学関数を紹介します。以下の関数を使うには、標準ライブラリの **math モジュール**をインポート（p.126）します。

演算子	働き	使い方	意味
fabs()	絶対値	a = math.fabs(x)	a = $\|x\|$
ceil()	切り上げ	a = math.ceil(x)	a = x 以上の最小の整数
floor()	切り捨て	a = math.floor(x)	a = x 以下の最大の整数
sqrt()	平方根	a = math.sqrt(x)	a = $\sqrt{x}$
exp()	指数	a = math.exp(x)	a = e^x
log()	自然対数	a = math.log(x)	a = $\log x$
	対数	a = math.log(x, y)	a = $\log_y x$
pow()	べき乗	a = math.pow(x, y)	a = x^y
sin()	サイン	a = math.sin(x)	a = $\sin x$
cos()	コサイン	a = math.cos(x)	a = $\cos x$
tan()	タンジェント	a = math.tan(x)	a = $\tan x$

sin()、cos()、tan() の三角関数では、角度をラジアンで指定します。ラジアンは次の式で求められる値です。

$$\text{ラジアン} = \frac{\text{角度}[°] \times \pi}{180}$$

math モジュールにある次の関数を使うと、単位を変換できます。

演算子	働き	使い方
radians()	度→ラジアン	b = math.radians(a)
degrees()	ラジアン→度	a = math.degrees(b)

≫ **定数**

`math` モジュールには定数も用意されています。たとえば次のようなものがあります。

	働き	使い方
pi	円周率（3.141592653589793）	a = math.pi
e	自然対数の底（2.718281828459045）	a = math.e

乱数を作る

乱数とは規則性のない数字のことです。プログラムで乱数を作るには **random** 関数を使います。この関数を使うには、標準ライブラリの **random** モジュールをインポートします。

```
import random         ← random モジュールを
                        インポートします。
print(random.random())
```

`random()` で作られる乱数は、0.0 以上 1.0 未満の実数です。そのため、たとえば 0 から 9 の整数を生成したい場合は、10 倍して小数点以下を切り捨てる必要があります。

小数点以下を切り捨てます。　整数にするため 10 倍にします。

p.80で紹介した`randint()`関数を使うこともできます。

例

```
import math          ← math モジュールを
                       インポートします。
deg = 30
rad = math.radians(deg)

s = math.sin(rad)
c = math.cos(rad)
t = math.tan(rad)

print('角度 {} 度 '.format(deg))
print('sin {:.5f}'.format(s))
print('cos {:.5f}'.format(c))
print('tan {:.5f}'.format(t))
```

実行結果

```
角度 30 度
sin 0.50000
cos 0.86603
tan 0.57735
```

日付

日付や時間を扱うには、datetime モジュールを使います。

datetime モジュール

標準ライブラリの datetime モジュールには、日付や時間を操作するためのクラスが用意されています。いくつかの例を見てみましょう。

> まず、datetimeモジュールを
> インポート（p.126）してください。

≫ 日付を扱う

日付を扱うには、年／月／日を操作する **date** クラスを使います。
date クラスの **today()** メソッドを使えば、今日の日付を取得できます。

```
myDay = datetime.date.today()
```

日付を生成する場合は、次のように指定します。

```
myDay = datetime.date(2018, 1, 11)
```

引数に「年・月・日」を指定します。
これらの引数は省略できません。

≫ 時刻を扱う

時刻を扱うには、時・分・秒・マイクロ秒を操作する **time** クラスを使います。
時刻を生成する場合は、次のように指定します。

```
myTime = datetime.time(16, 45, 50, 6712)
```

引数に「時／分／秒／マイクロ秒」を指定します。
引数は省略可能で、デフォルトは「0, 0, 0, 0」です。

≫ 日付と時刻を扱う

datetime クラスを使えば、日付と時刻の両方を操作できます。
現在の日時を取得するには、**datetime** クラスの **today()** メソッドまたは **now()** メソッドを使います。

```
myDate = datetime.datetime.today()
```

日付を生成する場合は、次のように指定します。

```
myDate = datetime.datetime(2018, 1, 11, 16, 45, 50, 6712)
```

「年／月／日」を指定します。
これらの引数は省略できません。

「時／分／秒／マイクロ秒」を指定します。
省略可能で、デフォルトは「0, 0, 0, 0」です。

年／月／日のような値を、個別に取得することもできます。

例

```
import datetime         ← datetime モジュールをインポートします。

myDate = datetime.datetime.today()
wlist = ('月', '火', '水', '木', '金', '土', '日')

y = myDate.year
m = myDate.month
d = myDate.day
h = myDate.hour
mn = myDate.minute
s = myDate.second
w = wlist[myDate.weekday()]

print('現在の日時 ', myDate)
print('ISO8601形式 ', myDate.isoformat())
print('今日は ', y, '年', m, '月', d, '日', w, '曜日、', ¥
    '今', h, '時', mn, '分', s, '秒', 'です。', sep = '')
```

これらの属性は、下の表のような内容を表します。

weekday() メソッド
曜日を整数で返します
（0～6、月曜日を 0 とする）。

isoformat() メソッド
ISO8601 形式の日付や時間を返します。
(YYYY-MM-DDTHH:MM:SS.mmmmmm など)

year	年（1～9999）	hour	時（0～23）
month	月（1～12）	minute	分（0～59）
day	日（1～31）	second	秒（0～59）
		microsecond	マイクロ秒（0～999999）

実行結果

```
現在の日時 2018-01-12 11:50:25.383799
ISO8601形式 2018-01-12T11:50:25.383799
今日は2018年1月12日金曜日、今11時50分25秒です。
```

データの解析

CSV、XML、JSON 形式のファイルを扱う方法を紹介します。

CSV ファイル

標準ライブラリの csv モジュールを使うと、簡単に CSV 形式のファイルを作成したり、読み込んだりできます。

» CSV ファイルの作成

CSV ファイルを作成するには、次のようにします。

```python
import csv

drinks = [['tea', 500], ['coffee', 600], ['juice', 800]]

with open('drinks.csv', 'w', encoding='shift_jis') as f:
    writer = csv.writer(f, lineterminator='\n')
    writer.writerows(drinks)
```

- `import csv` ← csv モジュールをインポートします。
- `drinks = ...` ← 2次元のデータを用意します（リスト）。
- `with open(...)` ← ファイルをオープンします。文字コードは、Shif_JIS。
- `csv.writer(...)` ← csv モジュールの writer() メソッドを使って、writer オブジェクトを作成します。このとき、行末に ¥n を指定しないと、データ1行ごとに空行が発生します。
- `writer.writerows(drinks)` ← writer オブジェクトの writerows() メソッドを使って、CSV ファイルを作成します。

次の CSV ファイルが、作成されます。

```
drinks.csv
    tea,500
    coffee,600
    juice,800
```
※Shif_JIS 形式

データが1次元の場合は、`writer.writerow()` メソッド（最後にsが付かない）を使用します。

» CSV ファイルの読み込み

上で作成した CSV ファイルを読み込む場合は、次のようにします。

```python
import csv

with open('drinks.csv', 'r', encoding='shift_jis') as f:
    reader = csv.reader(f)
    for row in reader:
        print(row)
```

- `import csv` ← csv モジュールをインポートします。
- `with open(...)` ← ファイルをオープンします。
- `csv.reader(f)` ← csv モジュールの reader() メソッドを使って、reader オブジェクトを作成します。
- `for row in reader:` ← reader オブジェクトを使って、CSV 形式のデータを1行ずつ読み込んでいます。

実行結果
```
['tea', '500']
['coffee', '600']
['juice', '800']
```

XML ファイル

標準ライブラリの `xml.etree.ElementTree` モジュールを使うと、XML ファイルを解析することができます。まず、次の XML ファイルを、サンプルとして用意します。

```xml
drinks.xml
<drinks>
    <drink>
        <name>tea</name>
        <price>500</price>
    </drink>
    <drink>
        <name>coffee</name>
        <price>600</price>
    </drink>
    <drink>
        <name>juice</name>
        <price>800</price>
    </drink>
</drinks>
```

※UTF-8 形式で用意します。

≫ XML ファイルの読み込み

上の XML ファイルを読み込んで、`drink` 要素にある `name` 要素の内容をすべて表示するには、次のようにします。

```python
import xml.etree.ElementTree as ET

tree = ET.parse('drinks.xml')

drink_names = tree.findall('drink/name')
for drink_name in drink_names:
    print(drink_name.text)
```

- `xml.etree.ElementTree` モジュールをインポートします。
- XML ファイルを読み込みます。
- `drink` 要素内の `name` 要素を、すべて検索します。
- 各 `name` 要素のテキストを表示します。

実行結果
```
tea
coffee
juice
```

≫ XML ファイルの書き換え

XML ファイルのある要素の内容を書き換える場合、次のように行います。ここでは、`name` 要素内にある juice というテキストを beer に書き換えます。

```python
import xml.etree.ElementTree as ET

tree = ET.parse('drinks.xml')
drink_names = tree.findall('drink/name')

for drink_name in drink_names:
    if drink_name.text == 'juice':
        drink_name.text = 'beer'

tree.write('drinks.xml')
```

- `name` 要素のテキストが `'juice'` のとき、`'beer'` を代入します。
- ツリー全体を書き込み。

次のように書き換わります。

drinks.xml
```
        :
    <drink>
        <name>beer</name>
        <price>800</price>
    </drink>
        :
```

juice が beer に書き換わりました。

XMLファイルではなく、メモリ上の変数にあるXML文字列を解析する場合は、`ElementTree`オブジェクトの`parse()`メソッドの代わりに`fromstring()`メソッドを使います。

JSON ファイル

標準ライブラリのjsonモジュールを使うと、簡単にJSONファイルを作成したり、読み込んだりできます。

≫ JSON ファイルの作成

JSON ファイルを作成するには、次のようにします。

```
import json   ← jsonモジュールをインポートします。

drinks = {'tea':500, 'coffee':600, 'juice':800,   ← 辞書形式でデータを用意します。
          'liquor':['ビール','ワイン']}

with open('drinks.json', 'w', encoding='utf-8') as f:
    json.dump(drinks, f, indent=4, ensure_ascii=False)
```

jsonモジュールのdump()メソッドを使って、JSONファイルを出力します。

インデントの数を4にします。

ensure_ascii=Trueの場合、非アスキー文字はエスケープ処理され、次のように出力されます。
（例）¥u30d3¥u30fc¥u30eb
ensure_ascii=Falseの場合、非アスキー文字はそのまま出力されます。
（例）ビール

次のJSONファイルが、作成されます。

```
drinks.json
{
    "tea": 500,
    "coffee": 600,
    "juice": 800,
    "liquor": [
        "ビール",
        "ワイン"
    ]
}
```

JSONは、JavaScript Object Notationの略ですが、JavaScript専用のデータ形式ではありません。

≫ JSON ファイルの読み込み

上で作成したJSONファイルを読み込む場合は、次のようにします。

```
import json

with open('drinks.json', 'r', encoding='utf-8') as f:
    drinks = json.load(f)   ← jsonモジュールのload()メソッドを使って、JSONファイルを読み込みます。
    print(drinks)
```

実行結果
```
{'tea': 500, 'coffee': 600, 'juice': 800,
 'liquor': ['ビール', 'ワイン']}
```

サーバーサイドプログラミング

Pythonを使って、Webサーバー上で動作するCGIプログラムを作成します。

CGIをはじめる前に

CGI（Common Gateway Interface）とは、Webブラウザからの要求で、Webサーバーがプログラムを実行する仕組みのことです。実行するプログラムそのものをCGIということもあります。CGIを使うと、要求によって変化するWebページを作成できます。Pythonでも、CGIプログラムを作成することができます。

> WWW（World Wide Web）で情報を提供するコンピュータやアプリケーションのことを、Webサーバーといいます。

≫ Webサーバーとデータベース

WebサーバーにはApacheやIISなど、いくつか種類があります。本書では、無償で公開されているXAMPPというパッケージに入っているApacheを使用します。XAMPP（Windows版）を自分のコンピュータにインストールしてください（XAMPPのインストール方法は、p.189を参照）。XAMPPのコントロールパネルで［start］ボタンを押してApacheを立ち上げます。

また、今回作成するプログラムでは、XAMPPに入っているSQLite3という簡易データベースを使用して、データを保存します。データベースとの値のやり取りには、SQL文を使いますが、SQL文の詳細については、『SQLの絵本』などを参照してください。

≫ ドキュメントルート

ブラウザのアドレスバーに「`http://localhost/`」と指定したときにアクセスされるディレクトリのことを、**ドキュメントルート**といいます。既定のドキュメントルートは、XAMPPが「`C:¥xampp`」にインストールされている場合、「`C:¥xampp¥htdocs`」です。

今回作成するCGIプログラムは、ドキュメントルート下に「`pythonbook`」というディレクトリを作成し、そこに保存します。

≫ パーミッション

パーミッションとは、ファイルやディレクトリの属性のことです。CGIプログラムのファイルをサーバーに保存したら、実行の権限を設定してください。

CGI プログラムの作成

簡易掲示板の CGI プログラムを、Python を使って作成してみましょう。作成した CGI を呼び出し、名前とコメントを書いて「書き込み」ボタンを押すと、書き込んだコメントがすべて保存／表示されます。

今回のプログラムのファイル名は、`bbs_sample.cgi`（拡張子は `.cgi`）にしてください。

bbs_sample.cgi

```python
#!C:\Python36\python.exe       ← 1行目に記載します。
                                 Python をインストールしたパスに
                                 合わせてください。
import sys                       PowerShell の場合は
import io                        「gcm -syntax python」などで
import cgi                       調べられます。
import html
import sqlite3

def getInputData():    ← データを受け取って、データベースに保存するメソッドです。

    form = cgi.FieldStorage()
    name = form.getfirst('name')         ← フォームで入力された内容を
    comment = form.getfirst('comment')      取得します。

    conn = sqlite3.connect('python_ehon_db')  ← データベースに接続します。
    cursor = conn.cursor()

    try:
        cursor.execute("CREATE TABLE IF NOT EXISTS "
        + "bbs_table(id integer primary key, name text, comment text)")
                                              ← テーブルを作成します。
        cursor.execute("INSERT INTO "
        + "bbs_table(name, comment) VALUES(?, ?)", (name, comment))
                                              ← 入力されたデータを
                                                データベースに追加します。
    except sqlite3.Error as e:
        print('sqlite3 error.')    ← エラーが発生した場合に、
                                     実行されます。

    conn.commit()    ← データの変更を確定させます。

    conn.close()     ← データベースを閉じます。
```

サーバーサイドプログラミング **175**

```python
def dispInputArea():            # 入力フォームを表示するメソッドです。

    print('''<form name="form" action="bbs_sample.cgi" method="post">
    <table>
        <tr>
            <td colspan="2" style="text-align:center"> 簡易掲示板 </td>
        <tr>
            <td> 名前 </td>
            <td><input type="text" size="30" name="name"></td>
        </tr>
        <tr>
            <td> コメント </td>
            <td><textarea cols="50" rows="5"
            name="comment"></textarea></td>
        </tr>
    </table>
    <input type="submit" value=" 書き込み ">
    </form>''')

def dispOutputArea():           # 書き込まれたデータをリスト形式で
                                # 表示するメソッドです。
    conn = sqlite3.connect('python_ehon_db')
    cursor = conn.cursor()

    try:
        cursor.execute("SELECT * FROM bbs_table")      # 書き込まれた
        rows = cursor.fetchall()                       # 全データを取得します。

    except sqlite3.Error as e:
        print('sqlite3 error.')

    conn.commit()
    conn.close()

    if rows is not None:
        print('<ul>')
        for row in rows:
            if row[1] is not None and row[2] is not None:
                print('<li>' + html.escape(row[2]))
                print(' --- ' + html.escape(row[1]) + '</li>')

        print('</ul>')          # 書き込まれたデータを
                                # リスト形式で表示します。
sys.stdout = io.TextIOWrapper(sys.stdout.buffer, encoding='utf-8')
                                # UTF-8 で出力するようにします。
print('Content-Type: text/html; charset=UTF-8\n')
                                # \n が必要です。
print('<html lang="ja"><head><title> 簡易掲示板 </title></head>')
print('<body>')

getInputData()
dispInputArea()
dispOutputArea()
print('</body></html>')
```

CGI プログラムの実行

作成した CGI プログラム（`bbs_sample.cgi`）は、ドキュメントルート下の「`pythonbook`」ディレクトリに保存してください。

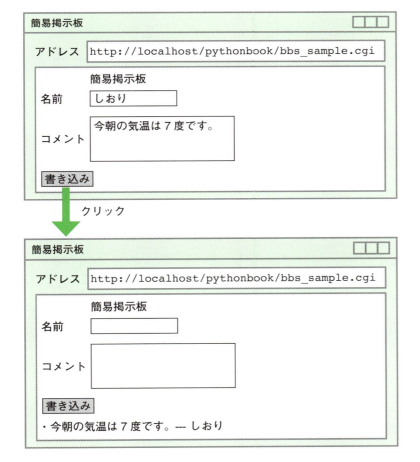

ブラウザを起動し、アドレスバーに「`http://localhost/pythonbook/bbs_sample.cgi`」と入力します。

Web スクレイピング

Python を使って、Web サイトの情報を取得するプログラムを作成します。

Web スクレイピングをはじめる前に

Web スクレイピングとは、プログラムで Web サイトにアクセスし、必要な情報を選別して取得することをいいます。Python を使うと、簡単に Web スクレイピングのプログラムを作成できます。

≫ 必要なモジュール

Python には、Web スクレイピングのプログラムを作るのに便利なモジュールが、いくつかあります。本書では、`requests` と `BeautifulSoup` という 2 つのモジュールを使用します。あらかじめ、`requests` と `beautifulsoup4` のライブラリを、`pip` コマンドを使ってインストールしてください（インストール方法の詳細については、p.187 を参照）。

```
pip install requests

pip install beautifulsoup4
```

コマンドプロンプトで、この 2 つのコマンドを実行してください。

注意事項

- Web スクレイピングを行う際は、該当する Web サイトの利用規約やアクセス制限に従うようにしてください。
- Web スクレイピングのプログラムを、短い間隔で連続実行すると、アクセス先の Web サーバーに大きな負荷がかかります。すくなくとも、10 秒程度の間隔をあけて実行してください。
- 取得したデータに関しては、著作権法に違反しない範囲で利用してください。

Web スクレイピング プログラムの作成

まず、`requests` を使って、Web ページの HTML の内容をすべて取得するプログラムを作成してみます。翔泳社の「近日刊行書籍」のページにアクセスし、その HTML の内容を出力するプログラムは、次のとおりです。

```
import requests                        ← 2 つのモジュールを
from bs4 import BeautifulSoup             インポートします。

req = requests.get('http://www.shoeisha.co.jp/book/upcoming')

print(req.text)
```

取得した Web ページの HTML を出力します。　Web ページを取得します。

実行結果
```
<!DOCTYPE HTML>
<html>
<head>
     :
<title>近日刊行書籍｜翔泳社の本</title>
     :
```

このページの HTML の内容は、次のようになっています。

```
<!DOCTYPE HTML>
<html>
<head>
     :
<title>近日刊行書籍｜翔泳社の本</title>
     :
<h1>近日刊行書籍</h1>
<section>
   <div class="column">
     <ul class="list-unstyled">
       <li><span class="date">2018.01.25 刊行</span>
       <a href="/book/detail/901801">
       MarkeZine 2018 年 01 月号</a></li>
        :
       <li><span class="date">2018.02.16 刊行</span>     ← 刊行日
       <a href="/book/detail/9784798155135">
       Python の絵本　Python を楽しく学ぶ 9 つの扉</a></li>
        :                                              ← 書籍名
     </ul>
   </div>
</section>
```

近日刊行書籍の一覧が、`class="column"` の `<div>` 要素内にあるのが分かります。また、各書籍の情報が、`<li>` 要素内にあり、刊行日は `<span>` 要素内、書籍名は `<a>` 要素内から取得できることも分かります。

これらの情報をもとに、取得したHTMLの内容を、BeautifulSoupを使って解析し、刊行日と書籍名の一覧を表示してみます。

```
import requests
from bs4 import BeautifulSoup

req = requests.get('http://www.shoeisha.co.jp/book/upcoming')
soup = BeautifulSoup(req.text, 'html.parser')   ← HTMLを解析します。

div = soup.find('div', {'class':'column'})   ← class属性が'column'の
                                               <div>の内容を取得します。
for book in div.findAll('li'):   ← 上で取得した<div>内の
    print(book.find('span').get_text() + ':')    <li>の内容をすべて取得
    print(book.find('a').get_text())             します。
```

刊行日と書籍名を出力します。

実行結果

```
2018.01.25 刊行：
MarkeZine 2018年01月号
     :
2018.02.16 刊行：
Pythonの絵本　Pythonを楽しく学ぶ9つの扉
     :
```

※ 本書のWebスクレイピングのプログラムは、2018年1月現在のWebページの内容をベースにしています。URLやWebページの内容に変更があった場合、動作しなくなる可能性があります。

Web スクレイピングの例

ユーザーが入力した文字列を使って、翔泳社の「書籍検索」のページで書籍を検索し、その結果を出力するプログラムを作成します。

例

```
import requests
from bs4 import BeautifulSoup

print('検索したい本の文字列を入力してください：')
str = input()                                           ← ユーザーからの入力を受け付けます。
sach={}
sach['search'] = str                                    ← パラメータを作成します。
url = 'http://www.shoeisha.co.jp/search'
req = requests.get(url, params = sach, timeout = 1)     ┐ Webページの情報
soup = BeautifulSoup(req.text, 'html.parser')           ┘ を取得して、解析します。
                     パラメータを設定します。  タイムアウトを1秒に設定します。
print('¥n 検索結果：¥n')
for book in soup.findAll('div', {'class':'textWrapper'}):  ← class 属性が 'textWrapper' の <div> の
    print(book.find('a').get_text().strip().replace('  ', ''))   内容を、すべて取得します。
```

<a> の内容を、不要なスペース文字を削除したあと、出力します。

実行結果

```
検索したい本の文字列を入力してください：
絵本                              ← キーボードから入力した文字列

検索結果：

Python の絵本  Python を楽しく学ぶ9つの扉
C# の絵本 第2版 C# が楽しくなる新しい9つの扉      ┐「絵本」という文
電子書籍 C# の絵本 第2版 C# が楽しくなる新しい9つの扉 ┤ 字列を含む翔泳社
                                :                    ┘ の書籍名が、一覧
                                                       表示されます。
```

Pythonのインストール

Pythonのダウンロードと Windows 環境でのインストール手順を説明します。

インストールについて

本書では Python 3.6.3 の Windows 用 64 ビット版を利用しています。Python のインストールには、Web からインストールする、ファイルをダウンロードしてからインストールする、などいくつか種類ありますが、ここでは上記のバージョンを Web からインストールする方法を紹介します。

また、執筆時点（2018 年 1 月）の UR_ および Web デザインとコンテンツに従って解説を進めます。

Pythonのインストール

≫インストーラーのダウンロード

まず、Python の公式 Web サイトからインストーラーをダウンロードしましょう。

```
https://www.python.org/
```

上記のサイトにアクセスすると次の画面が表示されます。

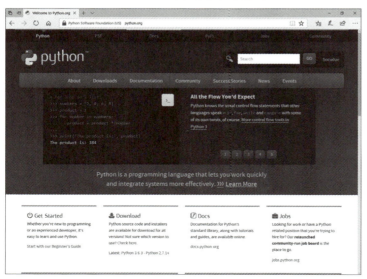

今回、64bit版のPythonを利用したいので、上のメニューの［Downloads］にマウスカーソルを当てると表示されるメニューの［Windows］をクリックします。
※右の欄の［Downloads for Windows］の［Python 3.6.3］ボタンをクリックすると、32ビット版のプログラムファイル（フルサイズ）がダウンロードされます。

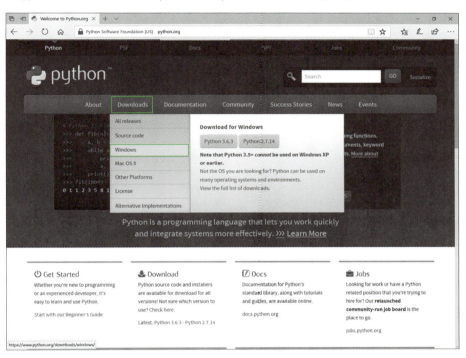

「Python Releases for Windows」ページの一覧から、「Python 3.6.3 - 2017-10-03」の「Download Windows x86-64 web-based installer」を選んでクリックし、インストーラーを任意の場所にダウンロードしてください。

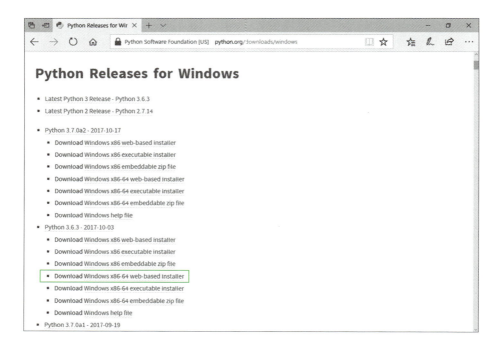

» インストール

ダウンロードが完了したら、インストーラーを実行します。
[Add Python 3.6 to PATH] にチェックを入れて、[Install Now] をクリックしてください。
※ [Add Python 3.6 to PATH] にチェックを入れておくと、環境変数 Path の設定が自動で行われるため、後で手動でパスを追加する手間が省けます。

[ユーザーアカウント制御] ダイアログボックスが表示されたら、[はい] をクリックしてください。

インストールが始まります。

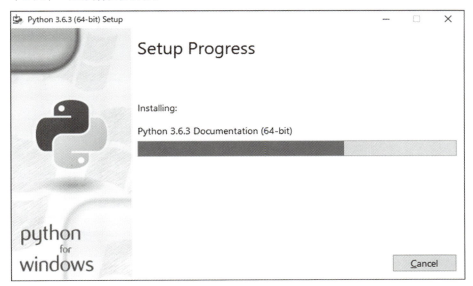

次の画面が表示されればPythonのインストールは完了です。［Close］をクリックしてインストールを終了してください。

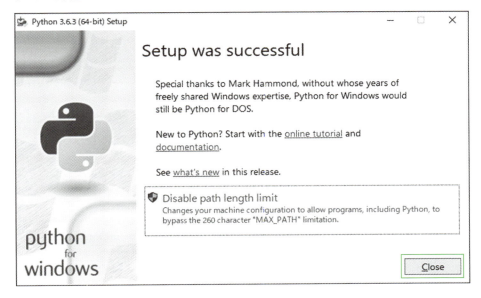

≫インストールの確認

最後に、正しくインストールされているかどうか確認してみましょう。

PowerShellを起動し（p.x）、「python -V」と入力してください。次のようにバージョン情報が表示されれば、Pythonプログラムのインストールは成功です。

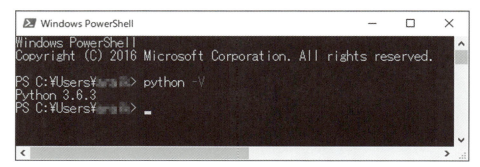

パッケージのインストール

pip を利用してパッケージをインストールする方法を紹介します。

PyPI と pip

Python では、有志によって多くのパッケージが作成され、それらは通常、`PyPI`（Python Package Index）というサイトに登録／公開されています。`PyPI` へは、次の URL でアクセスできます。

```
https://pypi.python.org/pypi
```

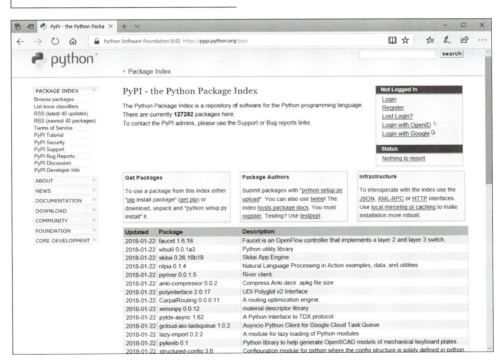

`pip`（Pip Installs Packages）は、こうしたパッケージを管理するためのツールです。
`pip` を使うと、パッケージのインストール、アンインストール、アップグレード、パッケージどうしの依存関係の管理などを、`pip` コマンドだけで手軽に行えます。もともと外部ツールとして提供されていましたが、Python 2.7.9 以降と Python 3.4 以降からはデフォルトでインストールされるようになりました。

pip コマンドの実行

たとえば、p.178 で利用している「requests」をインストールする場合は、次のようなコマンドを実行します。バージョンの指定がなければ最新版がインストールされます。

```
PS > pip install requests
```

特定のバージョンをインストールするには、パッケージ名に続けて「==」でバージョンを指定します。

```
PS > pip install requests==2.18.4
```

アンインストールする場合のコマンドは、次のようになります。

```
PS > pip uninstall requests
```

パッケージをアップグレードする場合は、「install -U」と指定します。

```
PS > pip install -U requests
```

インストールされているパッケージを確認することもできます。

```
PS > pip list
```

pip ではほかにもさまざまなコマンドが用意されていて、さらにオプションを付けることで、パッケージに対する操作を詳細に指定できます。詳しくは PyPI 内の pip のページ（https://pypi.python.org/pypi/pip）などを参照してください。

XAMPP のインストール

無償の開発者向けツールである XAMPP のダウンロードと Windows 環境でのインストールの手順を説明します。

XAMPP とは

XAMPP（ザンプ）とは、Web アプリケーションの開発／実行に必要なソフトウェアを、パッケージとしてまとめたものです。本来開発環境は、いくつかのソフトウェアを個別にインストールして構築していきますが、手間がかかるうえ難易度も高い作業です。そこで、必要なソフトウェアを一括してインストールし、簡単に開発環境を整えられるようにしたのが XAMPP です。

この「XAMPP」という名前は、下記のように対応する環境と含まれるソフトウェアの頭文字に由来します。

    X……Windows、Linux、macOS、Solaris のクロスプラットフォーム
    A……Apache
    M……MySQL または MariaDB
    P……PHP
    P……Perl

これらのソフトウェアはいずれもフリーソフトウェアであり、XAMPP 自体も無償で利用できます。ただし、パッケージという性質上、ソフトウェアによっては最新バージョンのものではないこともあります。

XAMPP のインストール

本書では執筆時点（2018 年 1 月）の URL および Web デザインに従って解説を進めます。

≫インストーラーのダウンロード

まず、Apache Friends の Web サイトからインストーラーをダウンロードしましょう。

```
https://www.apachefriends.org/jp/index.html
```

上記のサイトにアクセスすると次の画面が表示されます。
本書では Windows 上に XAMPP をインストールして利用します。今回は最新バージョンを利用するので、画面やや下方の［ダウンロード］の中のボタンから［Windows 向け XAMPP］をクリックし、インストーラーを任意の場所にダウンロードしてください。

古いバージョンなどをインストールしたい場合は、[ダウンロード]の下の[その他のバージョンについてはこちらをクリックしてください]か、上のメニューの[ダウンロード]をクリックしてダウンロードページに進み、必要なバージョンのインストーラーをダウンロードしてください。

≫インストール

ダウンロードが完了したら、インストーラーを実行します。

この時、アンチウイルスソフトがインストールされていると、インストールを続けるかどうかを問われることがあります（[Question]）ので、[Yes]をクリックしてください。

また、次のダイアログボックス（[Warning]）は、ユーザーアカウント制御（UAC）に関する警告です。本書では、「C:¥Program Files」や「C:¥Program Files (x86)」以下にインストールしないことで対応します。[OK]をクリックしてください。

インストーラーが起動します。[Next] をクリックします。

[ユーザーアカウント制御] ダイアログボックスが表示されたら、[はい] をクリックしてください。

インストールするコンポーネントを選択する画面が表示されます。デフォルトではすべて選択されています。変更する必要がなければこのまま [Next] をクリックしてください。

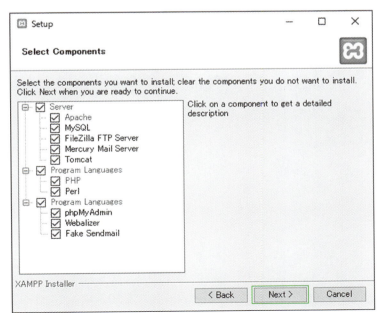

XAMPP のインストール 191

インストール先を指定します。今回はデフォルトで表示された「C:¥xampp」にインストールしますので、このまま［Next］をクリックします。
インストール先は任意ですが、前述のとおり「C:¥Program Files」や「C:¥Program Files (x86)」以下へのインストールは避けてください。

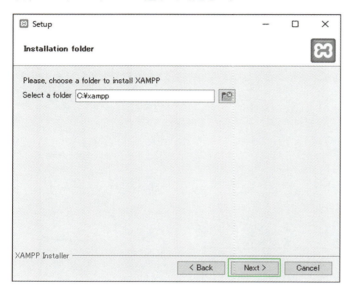

「Bitnami for XAMPP」というサービスの紹介が表示されるので、チェックを外し、［Next］をクリックします。

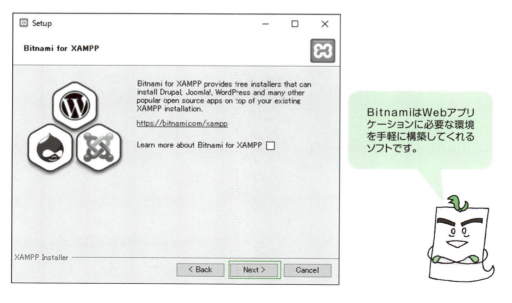

BitnamiはWebアプリケーションに必要な環境を手軽に構築してくれるソフトです。

インストールの準備が整いました。［Next］をクリックします。

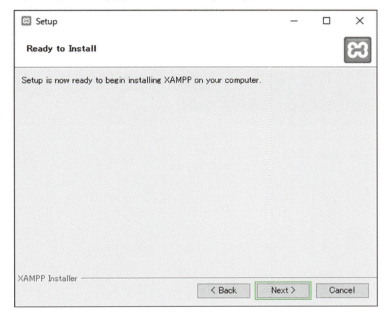

インストールが始まります。

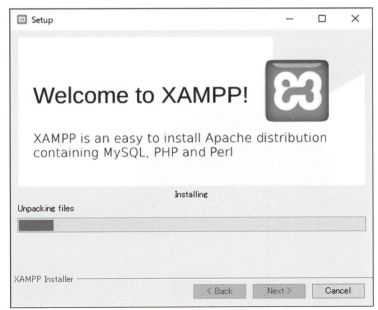

XAMPP のインストール　**193**

インストールの途中で［Windows セキュリティの重要な警告］ダイアログボックスが表示されたら、「プライベート ネットワーク（ホーム ネットワークや社内ネットワークなど）」にのみチェックを入れ、［アクセスを許可する］をクリックします。

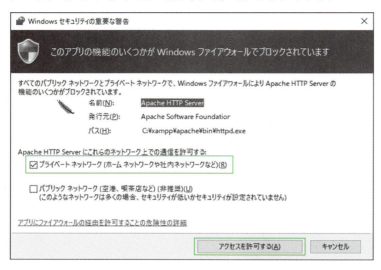

インストールの完了です。
この後コントロールパネルを表示したいので、「Do you want to start the Control Panel now?」にチェックを入れた状態で［Finish］をクリックします。

利用する言語（左：英語、右：ドイツ語）を選択して［Save］をクリックします。

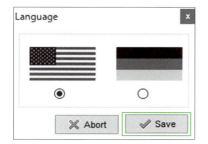

コントロールパネルが表示されます。

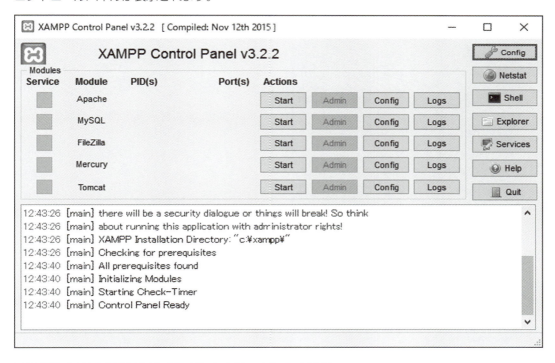

XAMPPを終了する場合は［Quit］をクリックしてください。

次回からは、［スタートメニュー］に登録されている［XAMPP Control Panel］をクリックしてコントロールパネルを起動します。

≫ XAMPPのフォルダ構成

「C:¥xampp」以下（本書の場合）に作成される、おもなフォルダを確認しておきましょう。

HTMLファイルなど、外部に公開するコンテンツは「htdocs」フォルダに配置します。この「htdocs」フォルダは、［スタートメニュー］に登録されている［XAMPP htdocs folder］をクリックしても開くことができます。

Index

記号・数字

"	10
'	5, 10
,	34, 47
.py	xii
—	60
!=	26
%	24
%=	25
%d	15
&	59
*	24
**	24, 93
**=	25
*=	25
/	24
//	24
//=	25
/=	25
:	17, 67, 113
;	7
?	24
?=	25
@	158
@classmethod	160
^	61
_ _init_ _.py	130
¦	59
¥n	11
¥t	11
+	24
+=	25
<	26
<=	26, 61
=	25
==	26
>	26
>=	26
16進数	15

A

and	28
Apache	174, 189
append( )	40
argv	144
as	127

B

| BeautifulSoupモジュール | 178 |
| break | 76 |

C

ceil( )	166
CGI	174
clear( )	53
close( )	135
codecsモジュール	139
continue	77
copy( )	62
cos( )	166
count( )	111
CSV形式	170
CUI	x

D

datetimeモジュール	168
degrees( )	166
del	43, 53
dict( )	50
difference( )	60
docstring	104
dump( )	173

E

e	167
ElementTreeモジュール	171
elif	68
else	68
end	20
end( )	121
Exception	140
exp( )	166
extend( )	41

F

f文字列	16
fabs( )	166
False	26
find( )	110
findall( )	122
finditer( )	123
float( )	144
floor( )	166
for	70
format( )	16
from	127
fromstring( )	172

G

| global | 99 |
| GUI | x |

H
- help( ) ... 104
- htdocs ... 197

I
- if ... 66
- IGNORECASE ... 121
- in ... 38, 57
- index( ) ... 111
- input( ) ... 18
- insert( ) ... 40
- int( ) ... 144
- intersection( ) ... 59
- is ... 62
- ISO8601 形式 ... 169
- isoformat( ) ... 169
- issubset( ) ... 61
- items( ) ... 55

J
- join( ) ... 109
- JSON ... 173

K
- keys( ) ... 54

L
- lambda ... 96
- len( ) ... 38, 57, 113
- load( ) ... 173
- log( ) ... 166
- lower( ) ... 112

M
- MariaDB ... 189
- match( ) ... 120
- math モジュール ... 166
- MySQL ... 189

N
- NameError ... 87
- None ... 84
- NoneType 型 ... 84
- nonlocal ... 99
- not ... 28
- now( ) ... 168

O
- open( ) ... 135, 139
- or ... 28

P
- parse( ) ... 172
- Path ... 184
- PEP8 ... 65, 67
- Perl ... 189
- PHP ... 189
- pi ... 167
- pip ... 187
- pop( ) ... 42, 53
- pow( ) ... 166
- PowerShell ... x
- print( ) ... 5
- property( ) ... 157
- PyPI ... 187
- Python ... ix
- Python のインストール ... 182
- Python のバージョン ... ix

R
- radians( ) ... 166
- raise ... 141
- random( ) ... 167
- range( ) ... 72
- re モジュール ... 128
- read( ) ... 137
- reader( ) ... 170
- readline( ) ... 136
- readlines( ) ... 137
- remove( ) ... 42
- replace( ) ... 109

- requests モジュール ... 178
- re モジュール ... 120

S
- search( ) ... 120
- self ... 148
- send( ) ... 101
- sep ... 20
- setdefault( ) ... 52
- sin( ) ... 166
- sort( ) ... 44
- sorted( ) ... 45
- span( ) ... 121
- Sphinx ... 104
- split( ) ... 108, 125
- SQL ... 174
- SQLite3 ... 174
- sqrt( ) ... 166
- start( ) ... 121
- str( ) ... 112
- strip( ) ... 112
- sub( ) ... 124
- sum( ) ... 92
- super( ) ... 155
- symmetric_difference( ) ... 61
- sys モジュール ... 19, 144

T
- tan( ) ... 166
- time ... 168
- title( ) ... 112
- today ... 168
- True ... 26
- type( ) ... 9

U
- union( ) ... 59
- UNIX ... xiii
- upper( ) ... 112

UTF-8 ……………… xii	オーバーロード ……… 155	降順……………………… 45
V	オーバライド ………… 164	コールバック関数 ……… 97
values( ) ……………… 54	オープンソース ………… ix	子クラス ……………… 152
W	大文字…………………… xiv	コサイン ……………… 166
Web サーバー ……… 174	オブジェクト ……… 146, 149	コマンドライン引数 … 144
Web スクレイピング … 178	オブジェクト指向 …… ix, 146	コメント ……………… xiv
weekday( ) …………… 169	親クラス ……………… 152	小文字…………………… xiv
while ………………… 74	**か**	コロン …………………… 67
Windows………………… x	改行……………………… 11	コンストラクタ ……… 151
Windows PowerShell … x	返り値…………………… 88	コンパイラ型言語 ……… ix
with …………………… 138	かける…………………… 24	**さ**
write( ) ……………… 138	型………………………… 8	サーバーサイドプログラミング
writerows( ) ………… 170	仮引数…………………… 90	……………………… 174
WWW ………………… 174	関数………………… 86, 88	最短マッチ …………… 122
X	関数オブジェクト ……… 95	最長マッチ …………… 122
XAMPP ………… 174, 189	関数の定義 ……………… 88	サイン ………………… 166
XML …………………… 171	関数のネスト …………… 95	差集合…………………… 60
Z	カンマ ……………… 34, 47	サブクラス …………… 152
zip( ) ………………… 51	偽………………………… 26	三項演算子 ……………… 29
あ	キー……………………… 48	ジェネレータ ……… 87, 100
余り……………………… 24	キーボード ……………… 18	時刻…………………… 168
イテラブル ……………… 79	キーワード引数 ………… 91	辞書………………… 48, 80
イテレータオブジェクト 123	行末……………………… 20	指数…………………… 166
入れ子…………………… 69	グイド・ヴァン・ロッサム	自然対数 ……………… 166
インスタンス化 ……… 149	……………………… iii, ix	自然対数の底 ………… 167
インタプリタ型言語 …… ix	区切り文字 ……………… 20	実数……………………… 15
インデックス …………… 13	クラス ………………… 148	実引数…………………… 90
インデックス番号 … 34, 36	クラスの継承 ………… 152	集合………………… 56, 81
インデント …………… 4, 67	クラスの定義 ………… 148	集合演算 ………………… 58
インポート …………… 127	クラス変数 …………… 161	条件式………… 26, 66, 79
うるう年 ………………… 32	クラスメソッド ……… 160	昇順……………………… 44
エスケープシーケンス … 11	グループ化 …………… 119	真………………………… 26
演算子…………………… 24	グローバル変数 …… 98, 107	シングルクォーテーション
演算子の優先順位 ……… 30	継承 …………………… 152	………………………… 5, 10
円周率………………… 167	桁数……………………… 15	数学関数 ……………… 166
オーバーライド ……… 154	ゲッター ……………… 156	数値リテラル …………… 6

200

スーパークラス ……… 152	**な**	**ま**
スクリプト言語 ………… ix	内包表記 ………… 78, 101	マッチングオブジェクト
スコープ ………… 87, 98	ネスト ……………… 69	…………………… 120
ストリームオブジェクト 135	**は**	無限ループ ………… 75
正規表現 ……… 106, 114	排他的論理和 ……… 61	無名関数 …………… 96
制御文 ……………… 64	バイナリファイル …… 134	メソッド …………… 148
整数型 ……………… 9	バグ ………………… 75	メタ文字 ………… 116
積集合 ……………… 59	パターン …………… 114	メンバ …………… 148
セッター …………… 156	パターンのコンパイル 121	文字エンコーディング 139
絶対値 …………… 166	パターンマッチ …… 120	文字クラス ……… 119
セット ……………… 56	パッケージ …… 130, 187	文字コード ………… xii
添字 ………………… 36	パラメータ ………… 88	モジュール ……… 126
ソースファイル ……… xii	範囲 ……………… 119	文字列 ……… 10, 108
ソート ……………… 44	半角カナ …………… xiv	文字列リテラル …… 10
た	反復子 …………… 123	文字列型 …………… 9
対称差集合 ………… 61	比較演算子 ………… 26	文字列の連結 ……… 12
対数 ……………… 166	引く ……………… 24	戻り値 ……………… 88
代入 ………………… 8	日付 ……………… 168	**や**
代入演算子 ………… 25	標準エラー出力 …… 19	要素 ……………… 34
対話型インタプリタ … xi	標準出力 …………… 19	予約語 …………… xiv
足す ……………… 24	標準入力 …………… 19	**ら**
タブ ……………… 11	ファイル ………… 134	ランダム …………… 82
タプル ………… 46, 92	フィールド ……… 148	リスト ………… 36, 78
ダブルクォーテーション 10	浮動小数点数型 …… 9	リストのコピー …… 62
タンジェント ……… 166	部分集合 …………… 61	例外処理 ………… 140
置換 …………… 124, 142	部分文字列 ……… 113	ローカル関数 ……… 95
長整数型 …………… 9	プログラムファイル … xii	ローカル変数 ……… 98
定数 ……………… 167	ブロック …………… 67	論理演算子 ………… 28
データベース …… 174	プロパティ ……… 156	**わ**
テキストエディタ …… xii	分割 ……………… 125	和集合 …………… 59
テキストファイル … 134	平方根 …………… 166	割る ……………… 24
デコレータ ……… 158	べき乗 ………… 24, 166	
デフォルト引数 …… 94	別名 ……………… 127	
デリーター ……… 156	変数 ………………… 6	
ドキュメントルート … 174	変数名 ……………… 6	

[著者紹介]

株式会社アンク (http://www.ank.co.jp/)

ソフトウェア開発から、Webシステム構築、デザイン、書籍執筆まで幅広く手がける会社。著書に絵本シリーズ「『Cの絵本』『Javaの絵本』『C++の絵本』『PHPの絵本』ほか」、辞典シリーズ「『HTML5&CSS3辞典』『ホームページ辞典』『HTM_タグ辞典』『CSS辞典』『JavaScript辞典』ほか」(すべて翔泳社刊)など多数。

- ■ 書籍情報はこちら ・・・・・・ http://www.ank.co.jp/books/
- ■ 絵本シリーズの情報はこちら ・・・ http://www.ank.co.jp/books/cata/ehon.html
- ■ 翔泳社書籍に関するご質問 ・・・・ https://www.shoeisha.co.jp/book/qa/

執筆	新井 くみ子、佐藤 悠妃、高橋 誠、前田 清一
イラスト	小林 麻衣子
装丁・本文デザイン	坂本 真一郎(クオルデザイン)
DTP	株式会社 アズワン

Pythonの絵本
Pythonを楽しく学ぶ9つの扉

2018年 2月16日 初版第1刷発行
2023年 6月15日 初版第4刷発行

著 者	株式会社アンク
発行人	佐々木 幹夫
発行所	株式会社 翔泳社 (https://www.shoeisha.co.jp/)
印刷・製本	株式会社シナノ

©2018 ANK Co., Ltd

本書は著作権法上の保護を受けています。本書の一部または全部について(ソフトウェアおよびプログラムを含む)、株式会社 翔泳社から文書による許諾を得ずに、いかなる方法においても無断で複写、複製することは禁じられています。

本書へのお問い合わせについては、iiページに記載の内容をお読みください。

乱丁・落丁はお取り替えいたします。03-5362-3705までご連絡ください。

ISBN978-4-7981-5513-5　　　　　Printed in Japan